もくじ

文章題 2 年

全教科書版

教科書ぴったりトレーニング

1 ひょうと　グラフ

答え　2ページ

ひょうや　グラフの　かき方《かた》

ひょうや　グラフに　あらわすと、しらべた　ものの　数《かず》が　よく　わかります。

グラフに　かく　ときは、●や　○を　つかいます。

└→しらべた　ものの　数が　ないときは　［ひょう→0　グラフ→かかない］

1 まりさんの　はんで　すんで　いる　町しらべを　しました。
西《にし》町に　すんで　いる　人が　3人、東《ひがし》町に　すんで　いる　人が　2人、北《きた》町に　すんで　いる　人が　1人、南《みなみ》町に　すんで　いる　人は　0人でした。
すんで　いる　人の　数が　よく　わかるように、右下の　グラフに　あらわしましょう。

下の　ひょうに　人数《にんずう》を　かきましょう。

すんで　いる　町	西町	東町	北町	南町
人　数（人）	① 3	② 2	③ 1	④ 0

グラフに　●を　かいて　あらわします。●を　いくつ　かけば　よいか　考《かんが》えましょう。

西町に　●を　⑤［　　］つ　かく。

東町に　●を　⑥［　　］つ　かく。

北町に　●を　⑦［　　］つ　かく。

南町には　なにも　かかない。

南町は　0人　だから　なにも　かかないよ。

すんで　いる　町しらべ

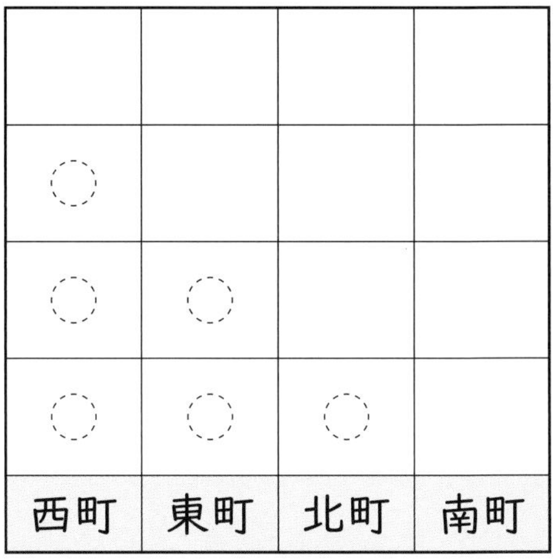

ヒント　グラフでは、1つの　●が　1つ(1人)を　あらわすよ。

ぴったり2

れんしゅう

学習日　　月　　日

★できた　もんだいには、「た」を　かこう！★

でき
1

答え　2ページ

1 しょうたさんの　クラスでは　すきな　くだものの
絵《え》を　かいて　黒《こく》ばんに　はりました。
すきな　くだものしらべを　しましょう。

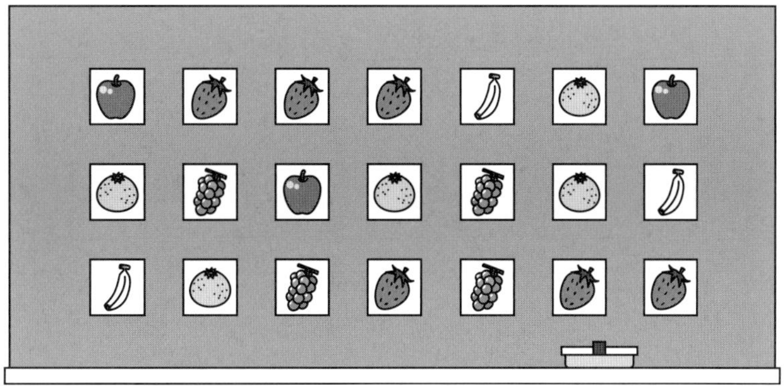

(1)下の　ひょうに　人数《にんずう》を　かきましょう。

くだもの	りんご	みかん	バナナ	いちご	ぶどう
人　数 (人)					

上の絵に　|つずつ
しるしを　つけながら
数《かず》を　かこう。

すきな　くだものしらべ

りんご	みかん	バナナ	いちご	ぶどう

(2)●を　つかって、右の
グラフに　かきましょう。

(3)すきな　人が　いちばん　多《おお》い　くだものは　何《なん》ですか。

答《こた》え(　　　　　　)

ヒント　1 (3)　ひょうや　グラフを　みて　答えよう。

学習日　　月　　日

2 時こくと　時間

答え　3ページ

時間《じかん》を　もとめる

時計《とけい》の　はりが　どれだけ　うごいたかを　考《かんが》えます。

時こくを　もとめる

時計が　さして　いる　時こくから、前《まえ》か　後《あと》かを　考えます。正午《しょうご》より　前を　午前《ごぜん》、後を　午後《ごご》と　いいます。

1 たくやさんが　おきてから　家《いえ》を　出るまでの　ようすを　しらべました。おきてから　家を　出るまでの　時間は　何分《なんぷん》ですか。

長《なが》い　はりが　どれだけ　うごいたか　考えましょう。

長い　はりは　①［　　］目もり　うごきました。

時間を　答《こた》えましょう。

長い　はりが　1目もり
うごく　時間が　1分だよ。

答え　②［　　］分

2 あおいさんは　7時50分に　家を　出ます。
学校まで　30分かかります。
学校に　つく　時こくは　何時何分ですか。

長い　はりが　どれだけ　うごくか　考えましょう。

30分で　長い　はりは　①［　　］目もり　うごきます。

時こくを　答えましょう。

答え　②［　　］時③［　　］分

ヒント　**2** みじかい　はりは　8と　9の　間《あいだ》に　くるよ。

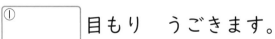

答え　3ページ

1 さくらさんは　午前《ごぜん》10時に　家《いえ》を　出て、午後《ごご》2時に　家に　帰《かえ》って　きました。出かけて　いた　時間《じかん》は　何《なん》時間ですか。

午前10時から　正午《しょうご》までと
正午から　午後2時までに
分《わ》けて　考《かんが》えよう。

答《こた》え（　　　　）

2 今《いま》の　時こくは、10時40分《ぷん》です。

(1) 30分後《あと》の　時こくは、
何時何分ですか。

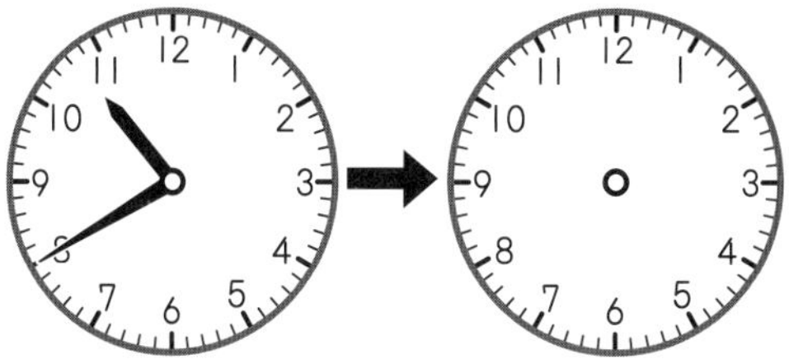

答え（　　　　）

(2) 1時間前《まえ》の　時こくは、
何時何分ですか。

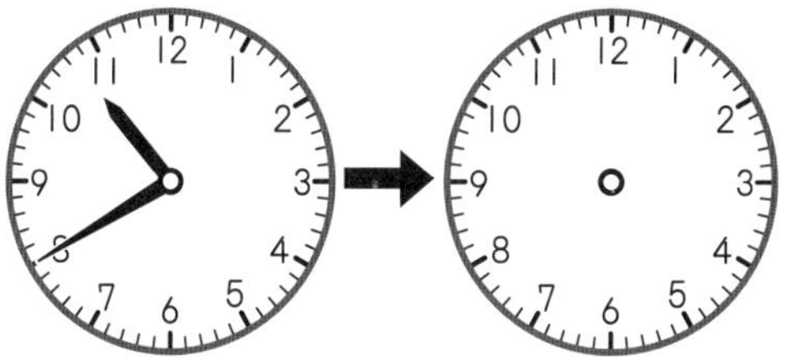

長《なが》い　はりが　ひとまわりする
時間が　1時間だから　ひとまわり
もどすと　考えて…

答え（　　　　）

3 午前11時から　4時間後の　時こくを　かきましょう。

答え（　　　　）

ヒント
3 午前から　午後に　またがる　時間は　正午までの　時間と　正午からの　時間に　分けて　考えよう。

ぴったり1 じゅんび

学習日 　月　日

3 図を　つかって　考えよう①

答え 4ページ

「あわせて　いくつ」の　図《ず》の　かき方《かた》

かごの　中に　りんごが　7こ、みかんが　10こ　あります。
あわせて　何《なん》こ　ありますか。

（図の　かき方）

①りんごが　7こ

②みかんが　10こ

③あわせて　何こ

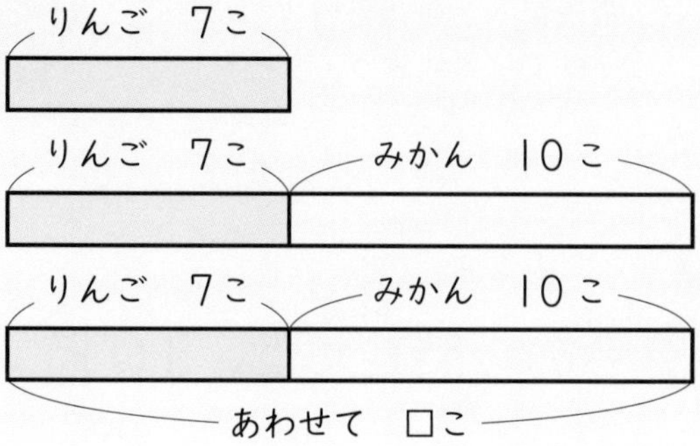

りんご　7こ
りんご　7こ
みかん　10こ
りんご　7こ
みかん　10こ
あわせて　□こ

1 花だんに　赤い　チューリップが　12本、
黄色《きいろ》い　チューリップが　6本　さいて　います。
あわせて　何本の　チューリップが　さいて　いますか。

図を　かいて　考《かんが》えましょう。

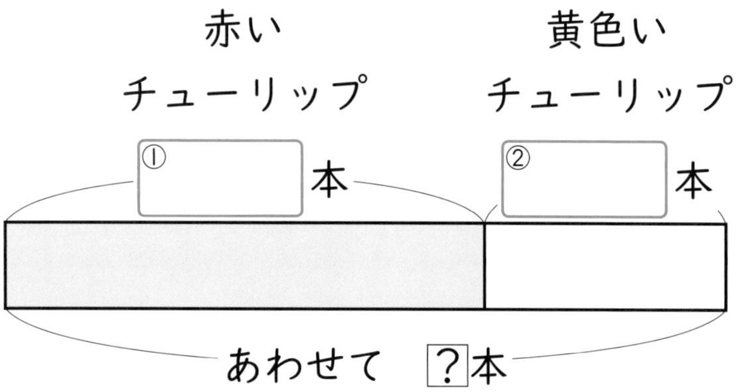

赤い
チューリップ
黄色い
チューリップ
① 本
② 本
あわせて ?本

もんだい文の
じゅんに
図をかこう。

しきと　答《こた》えを　かきましょう。

しき　③ 12 ＋ ④ 6 ＝ ⑤

答え　⑥　　本

ヒント　**1**「あわせて」と　あるので、たし算《さん》の　しきに　なるよ。

学習日　　月　　日

★できた　もんだいには、「た」を　かこう！★

できた ❶　できた ❷

答え　4ページ

1 公園《こうえん》に　おとなが　9人、子どもが　20人　います。
あわせて　何《なん》人　いますか。図《ず》を　みて　考《かんが》えましょう。

(1)つぎの　図の　□に　あてはまる　数《かず》を　かきましょう。

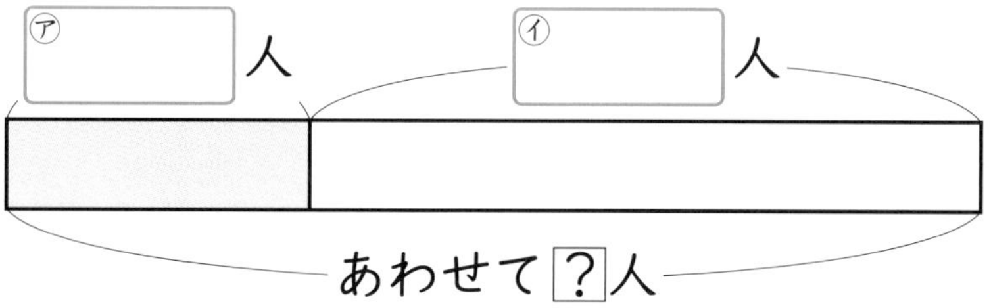
おとな
子ども
㋐　人
㋑　人
あわせて ? 人

(2)しきと　答《こた》えを　かきましょう。

しき

答え（　　　　　　）

2 ゆかさんは　きのう　本を　15ページ　読《よ》みました。きょうは　8ページ　読みました。あわせて　何ページ　読みましたか。図を　かいて　考えましょう。

図

しき

答え（　　　　　　）

ヒント
❷「あわせて　いくつ」だから、「きのう　読んだ　ページ数《すう》＋きょう　読んだ　ページ数」の　しきに　なるよ。

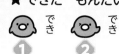

4 図を　つかって　考えよう②

答え　5ページ

「ふえると　いくつ」の　図《ず》の　かき方《かた》

はじめに　子どもが　13人　いました。あとから　5人　来《く》ると、子どもは　何人《なんにん》に　なりますか。

（図の　かき方）

①はじめに　13人　いた

②あとから　5人　来る

③ぜんぶで　何人

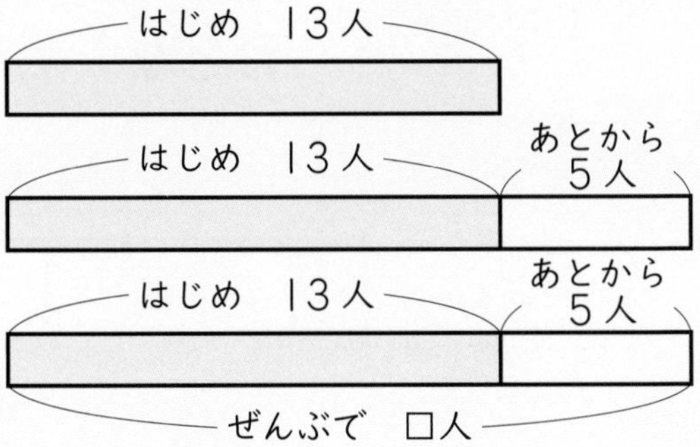
はじめ　13人
はじめ　13人
あとから　5人
はじめ　13人
あとから　5人
ぜんぶで　□人

1 あめを　11こ　もって　います。
お母《かあ》さんから　あめを　9こ　もらうと、
あめは　ぜんぶで　何こに　なりますか。

図を　みて　考《かんが》えましょう。

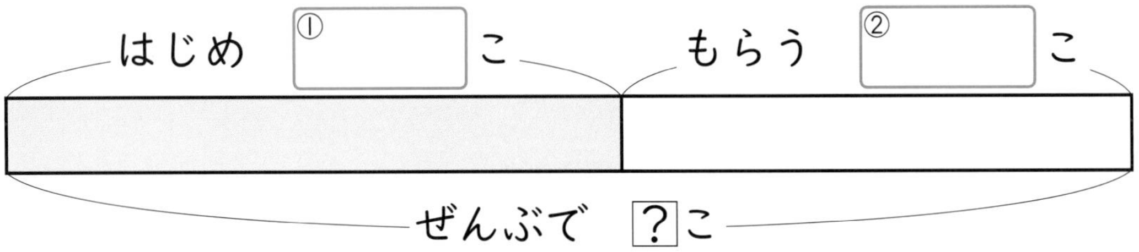
はじめ　①　こ
もらう　②　こ
ぜんぶで　?こ

しきと　答《こた》えを　かきましょう。

しき　③ 11 ＋ ④ 9 ＝ ⑤

答え　⑥　こ

ヒント　**1**「ぜんぶで」と　あるので、たし算《さん》の　しきに　なるよ。

答え　5ページ

1 はじめに　はとが　22わ　いました。あとから　7わ　とんで　来《き》ました。はとは　ぜんぶで　何《なん》わに　なりましたか。

(1)つぎの　図《ず》の　□に　あてはまる　数《かず》を　かきましょう。

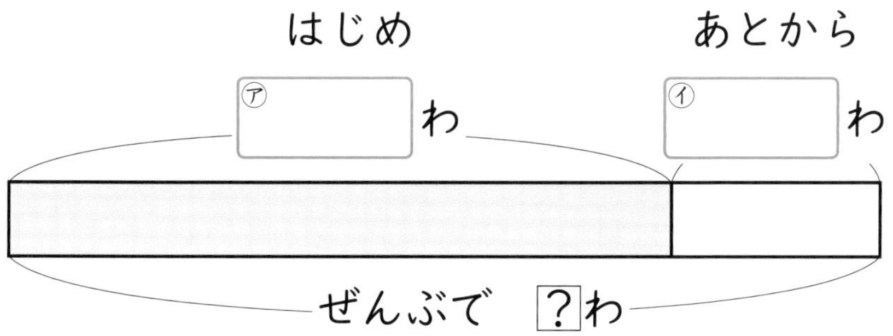

はじめの　数と　とんで　来た　数を　たすと、ぜんぶの　数に　なるね。

(2)しきと　答《こた》えを　かきましょう。

しき

答え（　　　　）

2 電車《でんしゃ》に　35人　のって　いました。つぎの　えきで　9人　のって　きました。ぜんぶで　何人　のって　いますか。図を　かいて　考《かんが》えましょう。

図

しき

答え（　　　　）

ヒント　**2**　9人　のって　きたから、「ふえると　いくつ」の　もんだいだよ。

5 図を　つかって　考えよう③

答え 6ページ

「のこりは　いくつ」の　図《ず》の　かき方《かた》

いちごが　26こ　ありました。そのうち　6こを　食《た》べると、のこりは　何《なん》こに　なりますか。

（図の　かき方）

①はじめに　26こ　あった

②6こ　食べた

③のこりは　何こ

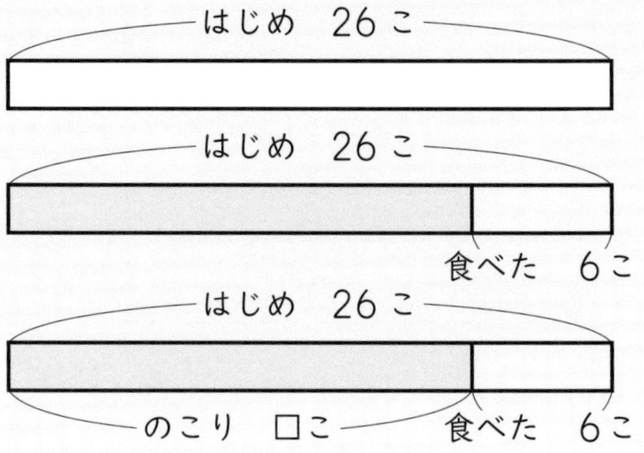

1 ちゅう車場《しゃじょう》に　車が　21台《だい》　とまって　います。
そのうち　9台が　出て　いくと、
車は　何台　のこりますか。

図を　みて　考《かんが》えましょう。

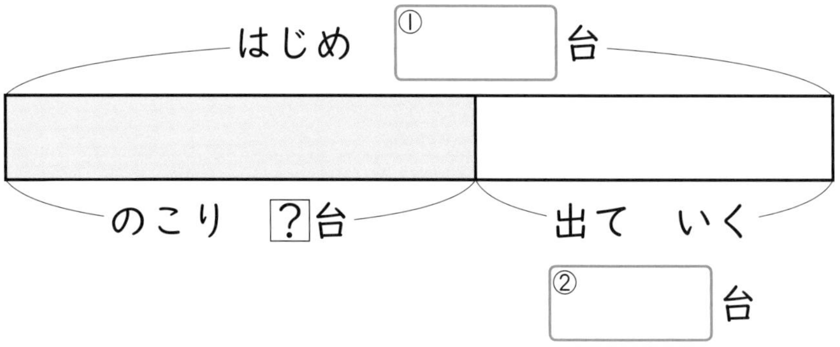

しきと　答《こた》えを　かきましょう。

しき　③21 − ④9 = ⑤

答え　⑥　台

ヒント　**1** 車が　へって　いるので、ひき算《さん》の　しきに　なるよ。

学習日　　月　　日

★できた　もんだいには、「た」を　かこう！★

でき ❶　でき ❷

答え　6ページ

1 さくらさんの　クラスには　本が　32さつ　あります。
そのうち　5さつ　かしだすと、のこりは　何《なん》さつに　なりますか。

(1)つぎの　図《ず》の　□に　あてはまる　数《かず》を　かきましょう。

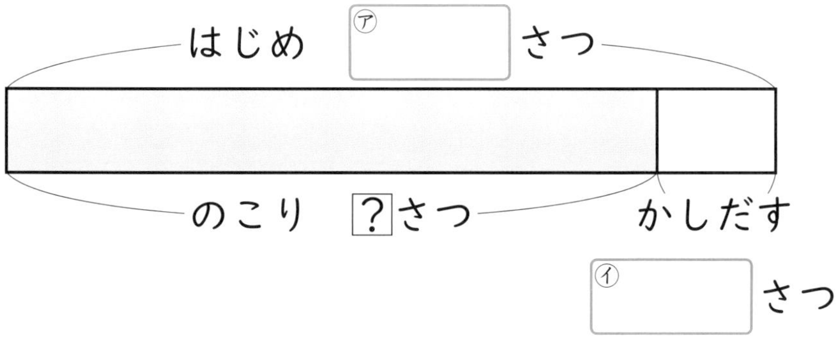

はじめの　数から
かしだす　数を
ひくと、のこりの
数に　なるね。

(2)しきと　答《こた》えを　かきましょう。

しき

答え（　　　　　）

2 池《いけ》に　白鳥《はくちょう》が　40わ　いました。そのうち　7わ
とんで　いきました。白鳥は　池に　何わ　のこって　いますか。
図を　かいて　考《かんが》えましょう。

図

しき

答え（　　　　　）

ヒント　❷ 白鳥が　へって　いるので、ひき算《さん》の　しきに　なるよ。

学習日　　月　　日

6 図を　つかって　考えよう④

答え　7ページ

「ちがいは　いくつ」の　図《ず》の　かき方《かた》

ゆうとさんは　シールを　12まい、弟《おとうと》は　9まい　もって　います。どちらが　何《なん》まい　多《おお》く　もって　いますか。

（図の　かき方）

①ゆうとさん　12まい

②弟　9まい

③ちがいは　何まい

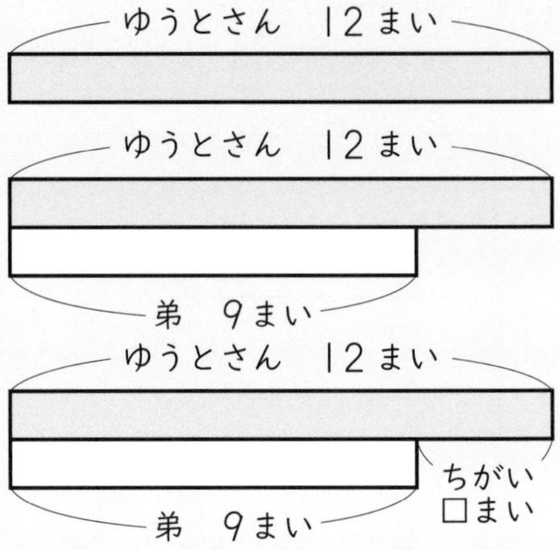

1 赤い　花が　15本、白い　花が　8本　さいて　います。
どちらの　ほうが　何本　多いですか。

図を　みて　考《かんが》えましょう。

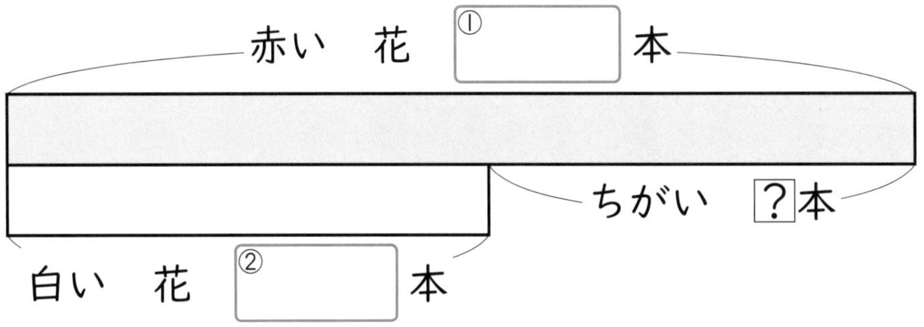

しきと　答《こた》えを　かきましょう。

しき　③ 15 － ④ 8 ＝ ⑤□

答え　⑥□　花の　ほうが　⑦□　本　多い

ヒント　**1** ちがいを　答えるから、ひき算《さん》の　しきに　なるよ。

★できた　もんだいには、「た」を　かこう！★

でき ①　でき ②

答え　7ページ

1 あきかんひろいを　しました。そうたさんは　7こ、
りくとさんは　20こ　ひろいました。
どちらの　ほうが　何《なん》こ　多《おお》く　ひろいましたか。

(1)つぎの　図《ず》の　□に　あてはまる　数《かず》を　かきましょう。

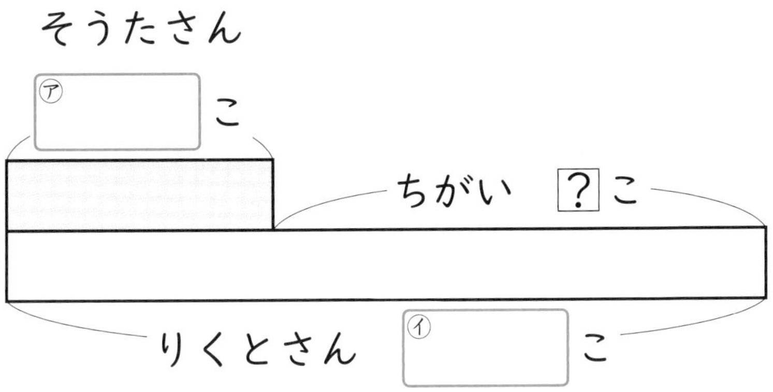

多いほうの　数から
少《すく》ないほうの　数を
ひくと、ちがいの
数に　なるね。

(2)しきと　答《こた》えを　かきましょう。

しき

答え（　　　　　）

2 はこの　中に　りんごが　25こ、みかんが　5こ　入って
います。どちらの　ほうが　何こ　多く　入って　いますか。
図を　かいて　考《かんが》えましょう。

図

しき

答え（　　　　　）

ヒント　❷ ちがいを　答えるから、「ちがいは　いくつ」の　もんだいだよ。

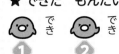

学習日　　月　　日

7 たし算の　ひっ算①

答え 8ページ

くり上がりの　ない　たし算《ざん》の　ひっ算《さん》

いちごがりで　はなさんは　25こ、けんたさんは　12こ とりました。ふたりで　あわせて　何《なん》こ　とりましたか。

「あわせて」や　「ふえると」と　あるときは、たし算を　つかいます。

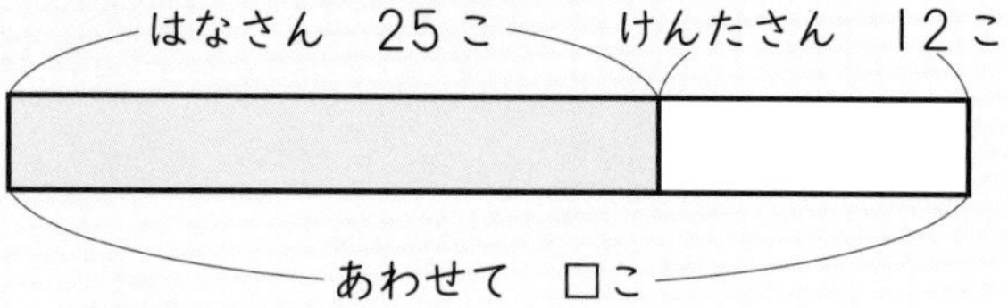

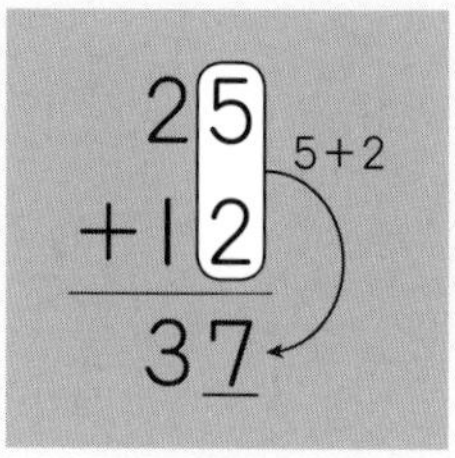

1 たいちさんは、シールを　36まい　もって　います。きょう　お父《とう》さんから　42まい　もらいました。シールは　ぜんぶで　何まいに　なりましたか。

図《ず》を　みて　考《かんが》えましょう。

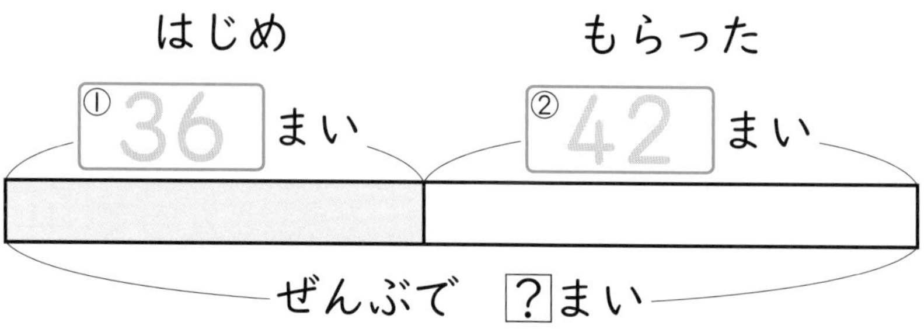

しき　③ 36 ＋ ④ 42

計算《けいさん》を　ひっ算で　して、答《こた》えを　かきましょう。

	3	6
＋	4	2
	⑤	⑥

答え ⑦　　まい

ヒント　1 「ぜんぶで　何まい」だから、たし算を　するよ。

ぴったり2

れんしゅう

★できた　もんだいには、「た」を　かこう！★

でき ①　でき ②　でき ③

学習日　　月　　日

答え　8ページ

1 あさがおの　花が　きのうは　23こ、
きょうは　16こ　さきました。あわせて　何《なん》こ　さきましたか。

しき

「あわせて　何こ」だから、たし算《ざん》だね。

答《こた》え（　　　　　　）

2 つるを　おるのに　おり紙《がみ》を　24まい　つかいました。
さらに　15まい　つかうと、ぜんぶで　何まいの　おり紙を
つかいますか。

しき

答え（　　　　　　）

3 りくさんは　魚《さかな》を　11ぴき、
はるとさんは　魚を　21ぴき　つかまえました。
ふたりで　あわせて　何びきの　魚を　つかまえましたか。

しき

答え（　　　　　　）

ヒント　③「あわせて　何びき」だから、たし算を　するよ。

学習日　　月　　日

8 たし算の　ひっ算②

答え 9ページ

くり上がりの　ある　たし算《ざん》の　ひっ算《さん》

みかんが　37こ　ありました。25こ　もらうと、ぜんぶで　何《なん》こに　なりますか。

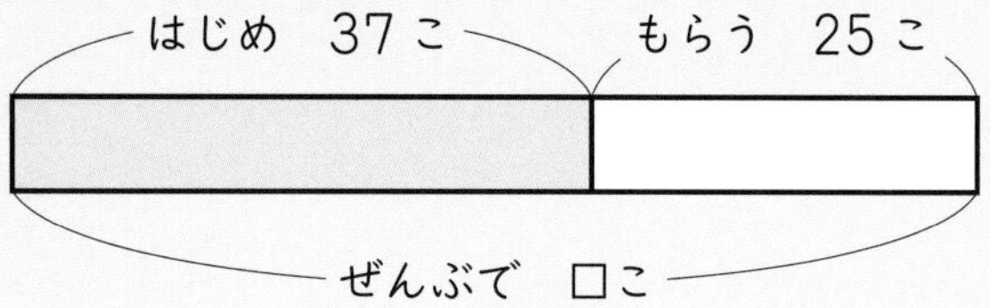
はじめ　37こ
もらう　25こ
ぜんぶで　□こ

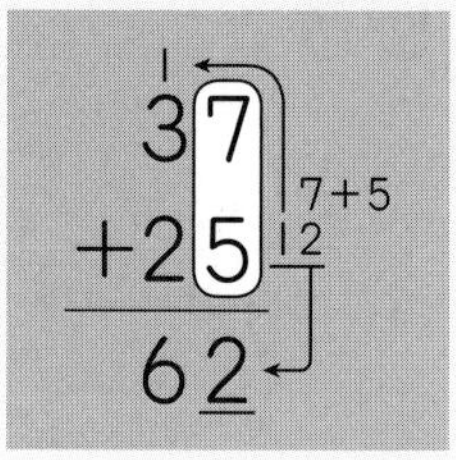
1
37
+25
7+5
12
62

1 りょうたさんは、28円の　えんぴつと、47円の　けしゴムを　買《か》いました。あわせて　何円に　なりますか。

図《ず》を　みて　考《かんが》えましょう。

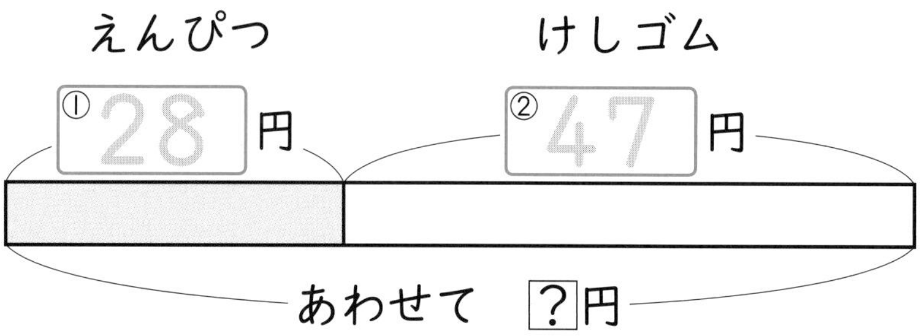
えんぴつ
けしゴム
① 28 円
② 47 円
あわせて　?円

しき　③ 28 ＋ ④ 47

計算《けいさん》を　ひっ算で　して、答《こた》えを　かきましょう。

	2	8
＋	4	7
	⑤	⑥

答え　⑦　　円

ヒント　1 「あわせて　何円」だから、たし算を　するよ。

★できた　もんだいには、「た」を　かこう！★

1 でき　2 でき　3 でき

答え　9ページ

1 池《いけ》に　かもが　47わ　います。
そこに　16わ　とんで　きました。
今《いま》、かもは　池に　何《なん》わ　いますか。

しき

「ふえると　いくつ」だから、
たし算《ざん》だね。

答《こた》え（　　　　　）

2 ゆうきさんの　小学校の　2年生は　1組《くみ》が　37人、
2組が　36人です。
1組と　2組を　あわせて　何人　いますか。

しき

答え（　　　　　）

3 電車《でんしゃ》に　人が　26人　のって　います。
つぎの　えきで　8人　のって　きました。
今、電車に　何人　のって　いますか。

しき

答え（　　　　　）

ヒント　3 たされる数《かず》や　たす数が　1けたの　ときも　くらいを　そろえて　計算《けいさん》しよう。

9 ひき算の　ひっ算①

答え 10ページ

くり下がりの　ない　ひき算《ざん》の　ひっ算《さん》

　クッキーが　38こ　ありました。24人の　子どもに　|こずつ　くばりました。のこりの　クッキーは　何《なん》こですか。

　「のこり」や　「ちがい」を　考《かんが》えるときは、ひき算を　つかいます。

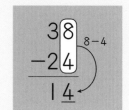

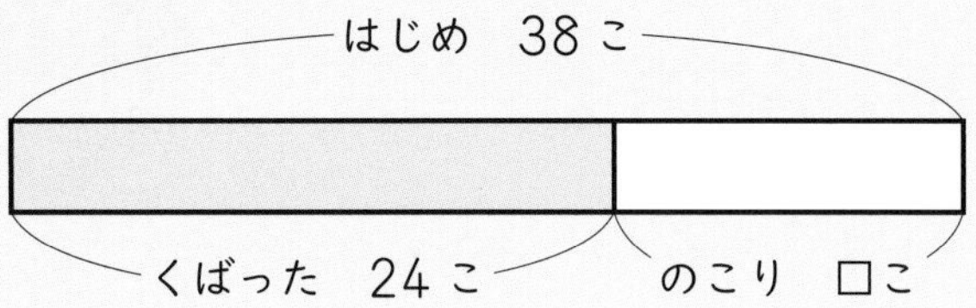
はじめ　38こ
くばった　24こ
のこり　□こ

	3	8
−	2	4
	1	4

8−4

1 おかしを　買《か》いに　行《い》きました。
あめは　|つ　36円で、チョコレートは　|つ　57円です。
どちらの　ほうが　何円　高《たか》いですか。

図《ず》を　みて　考えましょう。

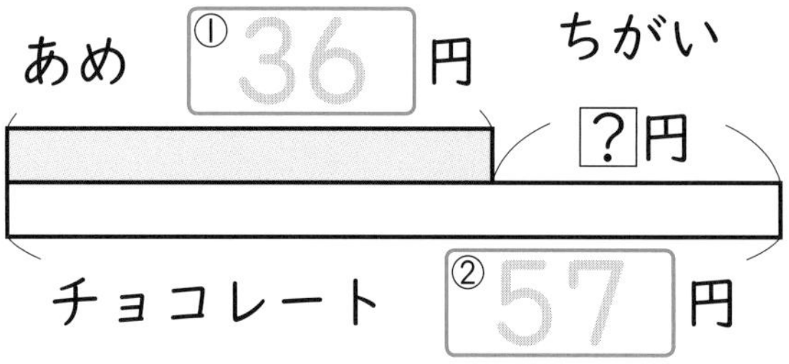
あめ　① 36 円
ちがい
? 円
チョコレート　② 57 円

しき　③ 57 − ④ 36

計算《けいさん》を　ひっ算で　して、答《こた》えを　かきましょう。

	5	7
−	3	6
	⑤	⑥

答え　⑦　の　ほうが　⑧　円　高い

ヒント　**1** ちがいを　答えるから　ひき算だね。

ぴったり2

れんしゅう

★できた　もんだいには、「た」を　かこう！★

でき 1　でき 2　でき 3

学習日　　月　　日

答え　10ページ

1 お店《みせ》に　パンが　85こ　おいて　あります。
そのうち、33こ　売《う》れました。のこりの　パンは　何《なん》こですか。

しき

ひき算《ざん》も　たし算と　同《おな》じように
くらいを　そろえて　計算《けいさん》するよ。

答《こた》え（　　　　）

2 じゅんさんの　お父《とう》さんの　年れいは　47さい、
お兄《にい》さんの　年れいは　12さいです。
お父さんと　お兄さんの　年れいの　ちがいは　何さいですか。

しき

答え（　　　　）

3 69ページある　本を　読《よ》んで　います。
今《いま》、24ページまで　読みました。のこりは　何ページですか。

しき

答え（　　　　）

ヒント　3 のこりを　答えるから　ひき算だね。

学習日　月　日

10 ひき算の　ひっ算②

答え　11 ページ

くり下がりの　ある　ひき算《ざん》の　ひっ算《さん》

ジュースが　32 本、お茶《ちゃ》が　14 本　あります。
ジュースは　お茶より　何《なん》本　多《おお》いですか。

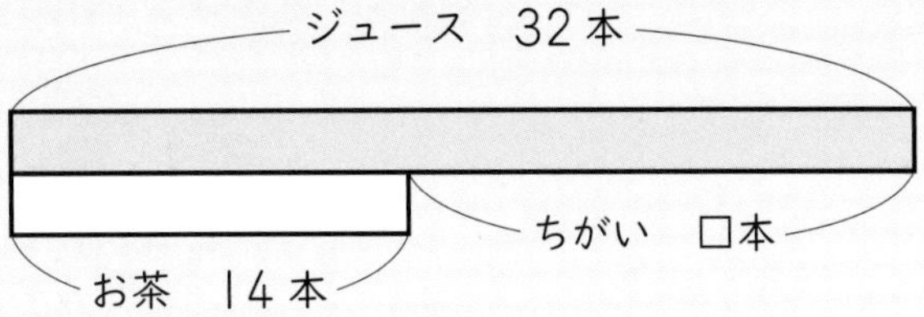
ジュース　32 本
ちがい　□本
お茶　14 本

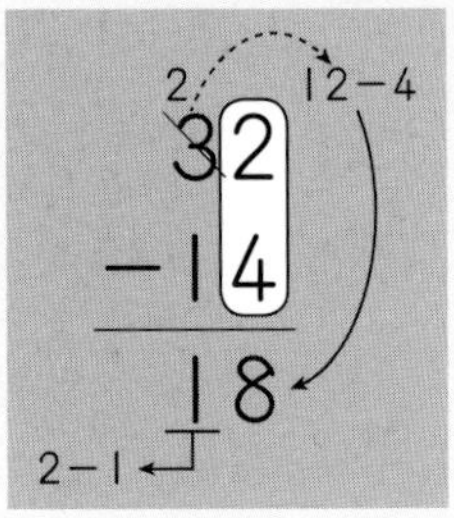
2
12−4
32
−14
18
2−1

1 色紙《いろがみ》が　33 まい　あります。そのうち　17 まい　つかいました。
のこりは　何まいに　なりましたか。

図《ず》を　みて　考《かんが》えましょう。

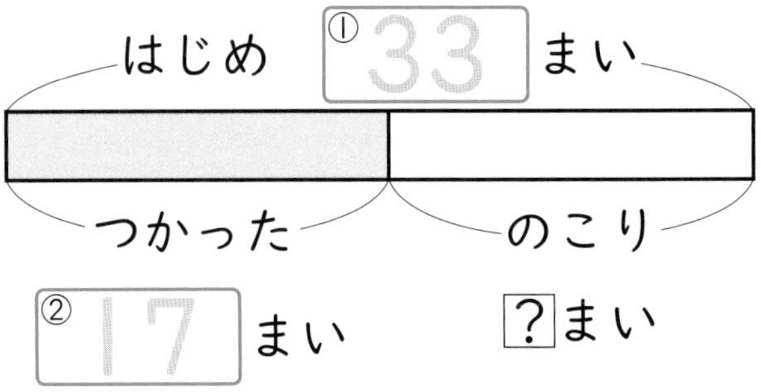
はじめ　① 33 まい
つかった
のこり
② 17 まい
? まい

しき　③ 33 − ④ 17

計算《けいさん》を　ひっ算で　して、答《こた》えを　かきましょう。

	3	3
−	1	7
	⑤	⑥

答え　⑦　　まい

ヒント　**1** のこりを　答えるから　ひき算だね。

ぴったり2

れんしゅう

学習日　　月　　日

★できた　もんだいには、「た」を　かこう！★

でき　1　でき　2　でき　3

答え　11 ページ

1 公園《こうえん》に　おとなが　34 人、子どもが　61 人　います。
子どもは　おとなより　何《なん》人　多《おお》いですか。

しき

子どもの　数《かず》から　おとなの
数を　ひく　ひき算《ざん》を　しよう。

答《こた》え（　　　　）

2 さらさんは　シールを　42 まい　もって　います。
そのうち、15 まいを　みきさんに　あげました。
のこった　シールは　何まいですか。

しき

答え（　　　　）

3 ショートケーキが　24 こ、チーズケーキが　18 こ　あります。
どちらの　ケーキの　ほうが　何こ　多いですか。

しき

答え（　　　　）

ヒント　3 十のくらいの　ひき算の　答えが　0に　なるとき、0は　かかないよ。

学習日　　月　　日

11 長さの　たし算①

答え 12ページ

長《なが》さの　たし算《ざん》

長さの　たんいには　cm(センチメートル)や　mm(ミリメートル)が　あります。

1cm＝10mm です。

長さの　たし算は　同《おな》じ　たんいの　ところを　たします。

6cm5mm＋3cm＝9cm5mm

（6cm と 3cm → 同じ　たんい）

1 2cmの　けしゴムと　5cmの　けしゴムを　ならべます。
長さは　あわせて　どれだけですか。

しきと　答《こた》えを　かきましょう。

しき　①［ 2 ］cm＋②［ 5 ］cm＝③［ 7 ］cm

答え　④［ 7 ］cm

2 5mmの　あつさの　きょうかしょと
4mmの　あつさの　ノートを　かさねます。
あわせた　あつさは　どれだけですか。

しきと　答えを　かきましょう。

しき　①［　　］mm＋②［　　］mm＝③［　　］mm

答え　④［　　］mm

ヒント　**2** 同じ　たんいの　数《かず》は　たし算する　ことが　できるよ。

答え　12ページ

1 長《なが》さの　ちがう　2本の　リボンが　あります。
長い　ほうの　リボンの　長さは　50cm5mm、
みじかい　ほうの　リボンの　長さは　23cmです。
2本の　リボンを　あわせると　長さは　どれだけですか。

しき

同《おな》じ　たんいを
たし算《さん》しよう。

答《こた》え（　　cm　　mm）

2 8mmの　長さの　線《せん》を　引《ひ》きました。
その線に　つづけて　3cm2mmの　線を　引きました。
線の　長さは　あわせて　どれだけですか。

しき

答え（　　　）

3 50mmの　線を　2cm　のばしました。
何《なん》mmに　なりましたか。

(1) 2cmは　何mmですか。

答え（　　　）

(2) しきと　答えを　かきましょう。

しき

答え（　　　）

ヒント　❸ 長さの　たし算を　するために、たんいを　そろえよう。1cmは10mmだよ。

12 長さの　ひき算①

答え 13ページ

長《なが》さの　ひき算《ざん》

長さの　ひき算は　同《おな》じ　たんいの　ところを　ひきます。

8cm6mm－3cm＝5cm6mm

（8cm と 3cm：同じ　たんい）

1 9cmの　えんぴつと　7cmの　えんぴつが　あります。
9cmの　えんぴつは　7cmの　えんぴつより
どれだけ　長いですか。

しきと　答《こた》えを　かきましょう。

しき　① 9 cm－② 7 cm＝③ 2 cm

答え　④ 2 cm

2 8mmの　糸から　5mm　切《き》りとりました。
のこりの　長さは　どれだけですか。

しきと　答えを　かきましょう。

しき　①　　mm－②　　mm＝③　　mm

答え　④　　mm

ヒント　**2** 長さの　ちがいは　ひき算を　すると　わかるね。

学習日 月 日

★できた もんだいには、「た」を かこう！★

でき ① でき ② でき ③

答え 13ページ

1 テーブルの たての 長《なが》さは 52 cm です。
よこの 長さは 68 cm 2 mm です。
たてと よこの 長さの ちがいは どれだけですか。

しき 68 cm 2 mm − 52 cm ＝

答《こた》え（ cm mm）

2 13 cm 8 mm の ひもから 8 mm を 切《き》りとりました。
のこりの 長さは どれだけですか。

しき

答え（ ）

3 7 cm の 直線《ちょくせん》を 30 mm みじかく しました。
長さは どれだけですか。

(1) 30 mm は 何《なん》 cm ですか。

答え（ ）

(2) しきと 答えを かきましょう。

しき

答え（ ）

ヒント ③ 長さの ひき算《ざん》を するために、たんいを そろえよう。10 mm は 1 cm だよ。

13 かさの　たし算

答え 14ページ

かさの　たし算《ざん》

かさの　たんいには　L(リットル)や　dL(デシリットル)が　あります。1L=10dL です。

かさの　たし算は　同《おな》じ　たんいの　ところを　たします。

4L5dL＋2L3dL＝6L8dL

同じ　たんい

1 2L の　スポーツドリンクと
1L の　オレンジジュースが　あります。
かさは　あわせて　どれだけですか。

しきと　答《こた》えを　かきましょう。

しき ① 2 L＋② 1 L＝③ 3 L

答え ④ 3 L

2 1dL の　お茶《ちゃ》と　3dL の　お茶が　あります。
かさは　あわせて　どれだけですか。

しきと　答えを　かきましょう。

しき ① ______ dL＋② ______ dL＝③ ______ dL

答え ④ ______ dL

ヒント **2** 同じ　たんいの　数《かず》は　たし算する　ことが　できるよ。

★できた　もんだいには、「た」を　かこう！★

でき ①　でき ②　でき ③

学習日　　月　　日

答え　14ページ

1 水とうに　4dLの　水が　入って　います。さらに　1L2dLの　水を　入れたら、かさは　ぜんぶで　どれだけに　なりますか。

しき

答《こた》え（　　　L　　　dL）

2 おゆが　やかんに　5L、ポットに　2L1dL　入って　います。かさは　あわせて　どれだけに　なりますか。

しき

答え（　　　　　）

3 2Lの　コーヒーに　30dLの　牛《ぎゅう》にゅうを　入れて　コーヒー牛にゅうを　作《つく》りました。
できた　コーヒー牛にゅうの　かさは　どれだけですか。

(1)30 dLは　何《なん》Lですか。

答え（　　　　　）

(2)しきと　答えを　かきましょう。

しき

答え（　　　　　）

ヒント　③ かさの　たし算《ざん》を　するために、たんいを　そろえよう。10 dLは　1Lだよ。

14 かさの　ひき算

学習日　　月　　日

答え　15ページ

かさの　ひき算《ざん》

かさの　ひき算は　同《おな》じ　たんいの　ところを　ひきます。

9L5dL－3L2dL＝6L3dL

同じ　たんい

1 お茶《ちゃ》が　5dL　あります。そのうち　2dL を　のみました。
あと　何《なん》dL　のこって　いますか。

しきと　答《こた》えを　かきましょう。

しき　①［ 5 ］dL－②［ 2 ］dL＝③［ 3 ］dL

答え　④［ 3 ］dL

2 水が　バケツに　7L、ペットボトルに　2L　入って　います。
かさの　ちがいは　どれだけですか。

しきと　答えを　かきましょう。

しき　①［　］L－②［　］L＝③［　］L

答え　④［　］L

ヒント　**2** かさも　同じ　たんいの　数《かず》は　ひき算する　ことが　できるよ。

学習日　　月　　日

★できた　もんだいには、「た」を　かこう！★

でき ❶　でき ❷　でき ❸

答え　15ページ

1 5L7dLの　お茶《ちゃ》と、7dLの　ジュースが　あります。
かさの　ちがいは　どれだけですか。

しき

答《こた》え（　　　　　）

2 4L3dLの　りんごジュースが　あります。
子どもたちに　3L　くばりました。
のこりは　どれだけですか。

しき

答え（　　　　　）

3 50dLの　スポーツドリンクが　あります。
2Lのむと、のこりは　どれだけですか。

(1)2Lは　何《なん》dLですか。

答え（　　　　　）

(2)しきと　答えを　かきましょう。

しき

答え（　　　　　）

ヒント　❸ かさの　ひき算《さん》を　するために、たんいを　そろえよう。1Lは　10dLだよ。

15 たし算の　ひっ算③

答え 16ページ

十のくらいが　くり上がる　たし算《ざん》の　ひっ算《さん》

あめが　かごに　72こ、ふくろに　54こ　入って　います。
あわせて　何《なん》こ　ありますか。

「あわせて」や　「ふえると」が　あるときは　たし算を　つかいます。

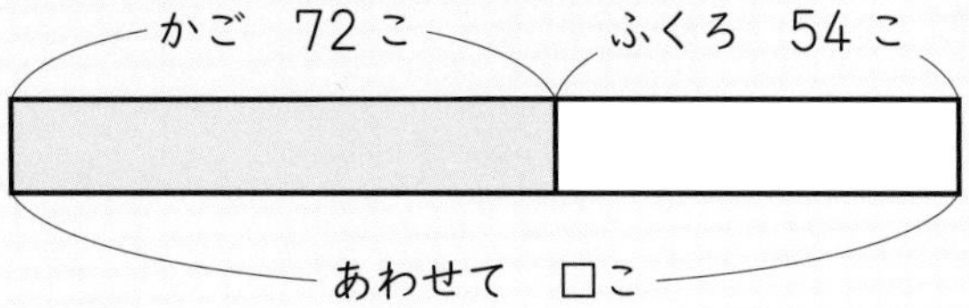
かご　72こ
ふくろ　54こ
あわせて　□こ

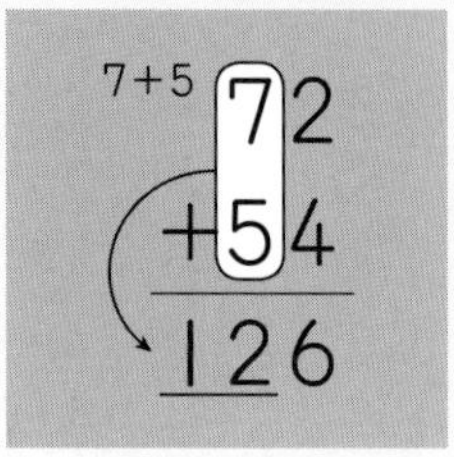
7+5
72
+54
126

1 ゆいさんは　ビーズを　68こ　もって　いました。
きょう　お母《かあ》さんから　ビーズを　51こ　もらいました。
ビーズは　ぜんぶで　何こに　なりましたか。

図《ず》を　みて　考《かんが》えましょう。

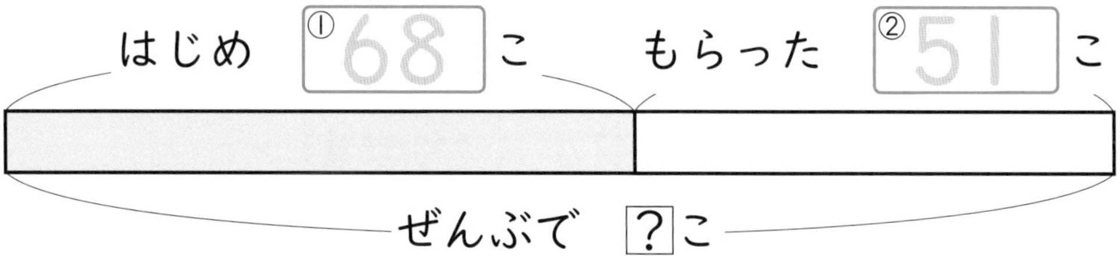
はじめ
①68
こ
もらった
②51
こ
ぜんぶで
?
こ

しき　③□＋④□

計算《けいさん》を　ひっ算で　して、答《こた》えを　かきましょう。

	6	8
＋	5	1
⑤	⑥	⑦

答え　⑧119　こ

ヒント　**1**「ぜんぶで　何こ」だから、たし算を　しよう。

★できた　もんだいには、「た」を　かこう！★

でき 1　でき 2　でき 3

答え　16ページ

1 ななさんの　クラスでは、きのう　メダルを　74 こ　作《つく》りました。
きょうは　61 こ　作りました。
メダルは　ぜんぶで　何《なん》こ　できましたか。

しき

答《こた》え（　　　　　）

2 ちゅう車場《しゃじょう》に　車が　35 台《だい》
とまって　います。
あとから　82 台　入って　きました。
車は　ぜんぶで　何台　とまって　いますか。

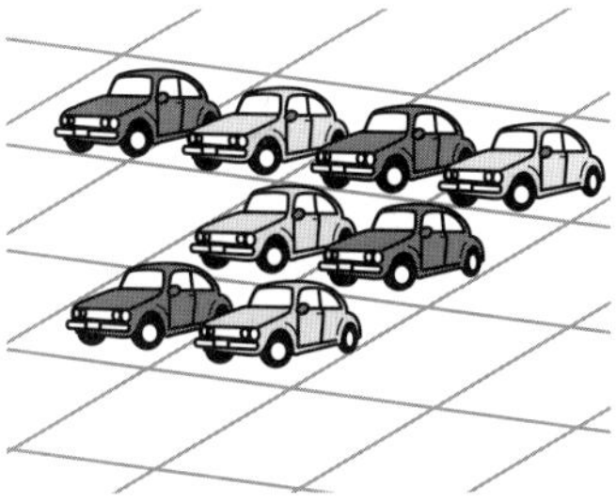

しき

答え（　　　　　）

3 2年生で　あきかんひろいを　しました。
1 組《くみ》は　73 こ、2 組は　83 こ　ひろいました。
ひろった　あきかんは　ぜんぶで　何こですか。

しき

答え（　　　　　）

ヒント　3 くり上がった　1を　わすれないように　しよう。

学習日 月 日

16 たし算の ひっ算④

答え 17ページ

一のくらいも 十のくらいも くり上がる たし算《ざん》の ひっ算《さん》

子どもが 63人 いました。そこに 89人 来《き》ました。
ぜんぶで 何《なん》人に なりましたか。

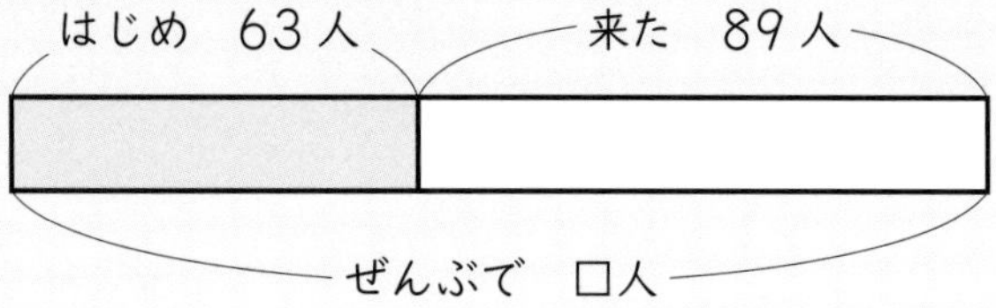

はじめ 63人
来た 89人
ぜんぶで □人

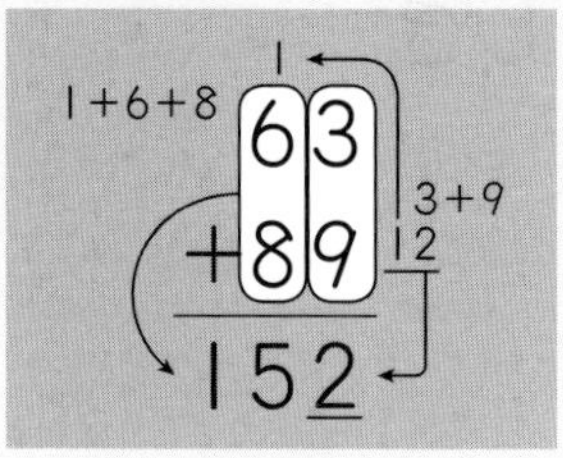

1
1+6+8
63
+89
3+9
12
152

1 87円の ビスケットと 54円の チョコレートを 買《か》いました。
あわせて 何円に なりますか。

図《ず》を みて 考《かんが》えましょう。

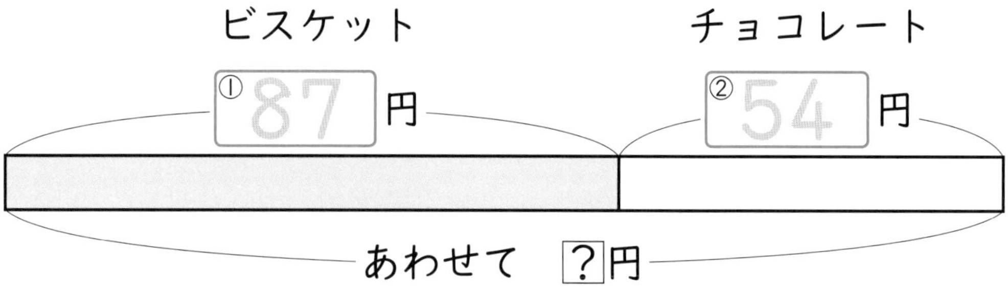

ビスケット
チョコレート
① 87 円
② 54 円
あわせて ?円

しき ③ ＋ ④

計算《けいさん》を ひっ算で して、答《こた》えを かきましょう。

	8	7
＋	5	4
⑤	⑥	⑦

答え ⑧ 円

ヒント **1** くり上がりの 回数《かいすう》が ふえても ひっ算の しかたは 同《おな》じだよ。

★できた もんだいには、「た」を かこう！★

でき 1　でき 2　でき 3

学習日　月　日

答え 17ページ

1 おり紙《がみ》が 75まい あります。
あとから 45まい 買《か》いたしました。
おり紙は ぜんぶで 何《なん》まい ありますか。

「ふえると いくつ」だから、たし算《ざん》だね。

しき

答《こた》え（　　　　　）

2 たくとさんは ゲームで 1回目《かいめ》に 58点《てん》を とりました。
2回目は 66点でした。あわせて 何点 とりましたか。

しき

答え（　　　　　）

3 パンやさんで 午前《ごぜん》に メロンパンを 55こ やき、午後《ごご》に
メロンパンを 47こ やきました。
この日は ぜんぶで 何この メロンパンを やきましたか。

しき

答え（　　　　　）

ヒント　3 十のくらいの くり上げた 1を わすれないように しよう。

ぴったり1 じゅんび

学習日　　月　　日

17 3つの　数の　たし算の　ひっ算

答え 18ページ

3つの　数《かず》の　たし算《ざん》の　ひっ算《さん》

花だんに　赤い　花が　13本、
黄色《きいろ》い　花が　21本、
白い　花が　15本　さいて　います。
ぜんぶで　何《なん》本　さいて　いますか。

2だんの　ときと　同《おな》じで、
くらいを　そろえて　たて　3だんに　かくと、
1つの　ひっ算で　もとめる　ことが　できます。

1つの　しき

$$\begin{array}{r} 13 \\ 21 \\ +15 \\ \hline 49 \end{array}$$

1 赤い　風《ふう》せんが　22こ、青い　風せんが　17こ、
白い　風せんが　25こ　あります。
風せんは　ぜんぶで　何こ　ありますか。

「ぜんぶで」「あわせて」は、たし算です。
3つの　数でも、2つの　数の　ときと　同じように
ひっ算を　します。

しき　①22 + ②17 + ③25 = ④64

	2	2
	1	7
+	2	5
	6	4

一のくらいの　計算《けいさん》で
くり上がりが　あるね。

答え　⑤64　こ

ヒント　**1** たされる　数が　ふえても、ひっ算の　しかたは　同じだよ。

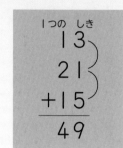

学習日　　月　　日

★できた　もんだいには、「た」を　かこう！★

できた ①　できた ②　できた ③

答え　18ページ

1 お店《みせ》で　34円の　クッキーと、26円の　ガムと、
48円の　チョコレートを　買《か》いました。
あわせて　何《なん》円に　なりますか。

しき

	3	4
	2	6
+	4	8
1	0	8

「あわせて　何円」だから、
3つの　数《かず》の　たし算《ざん》だね。

答《こた》え（　　　　　）

2 むかし話《ばなし》の　本を　おとといは　18ページ、
きのうは　20ページ、きょうは　25ページ　読《よ》みました。
ぜんぶで　何ページ　読みましたか。

しき

+		

答え（　　　　　）

3 さくらさんは　ビーズを　48こ　もって　いました。
きのう　ビーズを　35こ　買いました。
きょう　お母《かあ》さんから　ビーズを　30こ　もらいました。
ビーズは　ぜんぶで　何こに　なりましたか。

しき

+		

答え（　　　　　）

ヒント　③　3つの　数の　たし算だよ。くり上がった　1を　わすれないように　しよう。

学習日　　月　　日

18 ひき算の　ひっ算③

答え 19ページ

百のくらいから　くり下がる　ひき算《ざん》の　ひっ算《さん》

137－54を　右のように　たてに　くらいを
そろえて　計算《けいさん》します。

十のくらいが　ひけない　ひっ算は、
百のくらいから　くり下げて　計算します。

13－5
　137
－ 54
　 83

1 しょうさんの　学校の　2年生の　じどう数《すう》は　149人で、
そのうち　男子は　71人です。女子は　何《なん》人ですか。

図《ず》を　みて　考《かんが》えましょう。

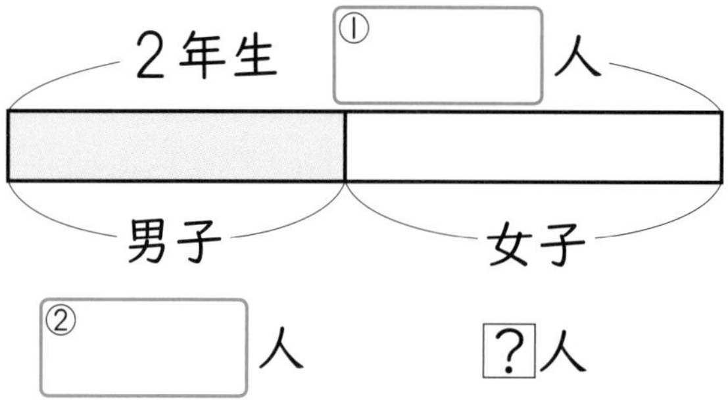

しき ③ 149 － ④ 71

計算を　ひっ算で　して、答《こた》えを　かきましょう。

	1	4	9
－		7	1
		⑤	⑥

一のくらいは　ひき算が
できるけど、十のくらいは
どうかな。

答え ⑦ 人

ヒント **1** 十のくらいの　ひき算で　ひけない　ときは、百のくらいから　1くり下げよう。

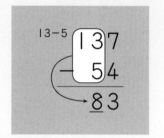

学習日　月　日

★できた　もんだいには、「た」を　かこう！★

でき ①　でき ②　でき ③

答え　19ページ

1 ゼリーが　128こ　あります。2年生　33人に　1つずつ　くばると、ゼリーは　何《なん》こ　のこりますか。

しき

「のこりは　いくつ」だから、ひき算《ざん》だね。

答《こた》え(　　　　　)

2 りくさんは　135円を　もって　買《か》いものに　行《い》きます。お店《みせ》で　1こ　43円の　キャラメルを　買いました。何円　のこって　いますか。

しき

答え(　　　　　)

3 あやかさんは　117ページの　本を　読《よ》んで　います。今《いま》までに　53ページ　読みました。何ページ　のこって　いますか。

しき

答え(　　　　　)

ヒント　③ 十のくらいで　ひけない　ときは、百のくらいから　1くり下げよう。

ぴったり1 じゅんび

19 ひき算の　ひっ算④

学習日　　月　　日

答え　20ページ

一のくらいも　十のくらいも　くり下がる　ひき算《ざん》の　ひっ算《さん》

145−69を　右のように　たてに　くらいを　そろえて　計算《けいさん》します。

十のくらいが　ひけない　ひっ算は、百のくらいから　くり下げて　計算します。

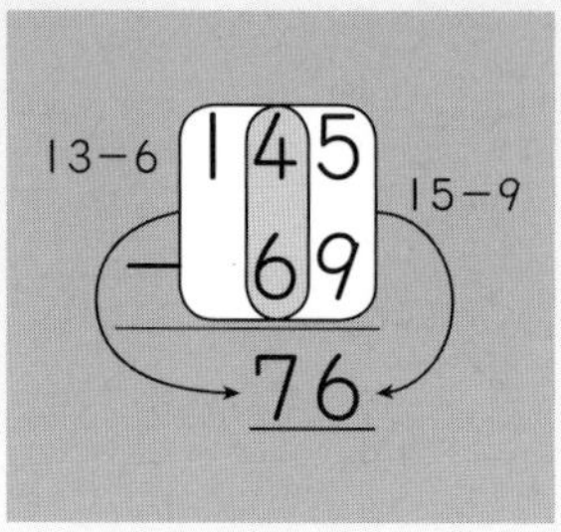

1 しおひがりに　行《い》きました。りょうたさんは　貝を　113こ、弟《おとうと》は　85こ　とりました。ちがいは　何《なん》こですか。

図《ず》を　みて　考《かんが》えましょう。

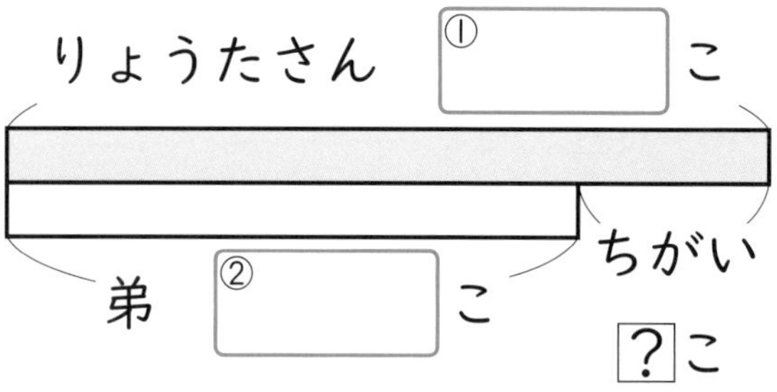

しき　③ 113 − ④ 85

計算を　ひっ算で　して、答《こた》えを　かきましょう。

	1	1	3
−		8	5
		⑤	⑥

答え　⑦　こ

ヒント　**1** 十のくらいの　ひき算で　ひけない　ときは、百のくらいから　1くり下げよう。

ぴったり2

れんしゅう

★できた もんだいには、「た」を かこう！★

でき ❶ でき ❷ でき ❸

学習日 月 日

答え 20ページ

1 お店《みせ》で、チョコレートが 153円、ビスケットが 65円で 売《う》って います。チョコレートと ビスケットの ねだんの ちがいは 何《なん》円ですか。

しき

−			

「ちがいは いくつ」だから、ひき算《ざん》だね。

答《こた》え（　　　　）

2 小学校の うんどう会《かい》で、赤組《ぐみ》は 113点《てん》、白組は 95点 とりました。ちがいは 何点ですか。

しき

−			

答え（　　　　）

3 ゆかさんの クラスでは、きのう メダルを 102こ 作《つく》りました。きょうは 98こ 作りました。きのうと きょうで、作った メダルの 数《かず》の ちがいは 何こですか。

しき

−			

答え（　　　　）

ヒント ❸ 十のくらいから くり下げられない ときは、百のくらいから 1くり下げて 計算《けいさん》しよう。

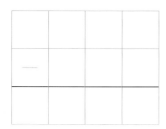

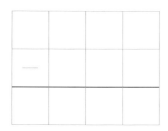

ぴったり1 じゅんび

20 かけ算①

学習日　　月　　日

答え 21ページ

同《おな》じ　数《かず》の　いくつ分《ぶん》の　計算《けいさん》の　しかた

かけ算《ざん》を　します。

2 × 3 ＝ 6

（2：1つ分の　数　3：いくつ分　6：ぜんぶの　数）

2の　3つ分 ⟶ 2×3

読《よ》み方《かた》　「2かける3」

計算　2＋2＋2＝6 ⟶ 2×3＝6

1 1台《だい》に　4人ずつ　のれる　のりものが　あります。
2台では　何《なん》人　のれますか。

同じ　数の　いくつ分かで　考《かんが》えましょう。

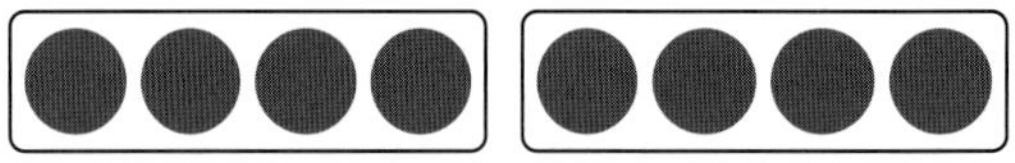

1台に　のれる
人の　数

① [　　] の ② [　　] つ分

かけ算の　しきに　かいて、
答《こた》えを　もとめましょう。

4×2の　答えは、
4＋4で
もとめられるよ。

しき　③ [　　] × ④ [　　] ＝ ⑤ [　　]

答え　⑥ [　　] 人

ヒント　**1** 「4の　2つ分」に　なるから、「4×2」という　かけ算で　あらわせるよ。

学習日　　月　　日

★できた　もんだいには、「た」を　かこう！★

でき ❶　でき ❷　でき ❸

答え　21ページ

1 1まいの　さらに
いちごが　3こずつ　のって　います。
この　さらが　2さら　あります。
いちごは　ぜんぶで　何《なん》こ　ありますか。

1さらの
いちごの　数《かず》

しき　□ × □ ＝ □

答《こた》え（　　　　　）

2 1はこに　ケーキが　5こずつ　入って　います。
3はこでは、何こに　なりますか。

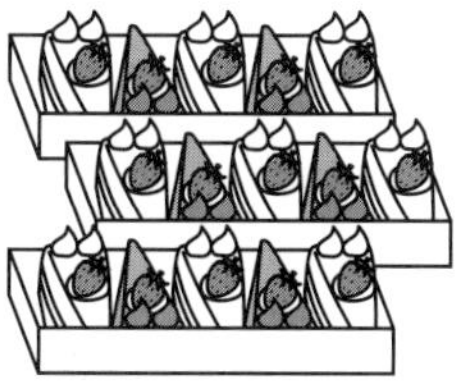

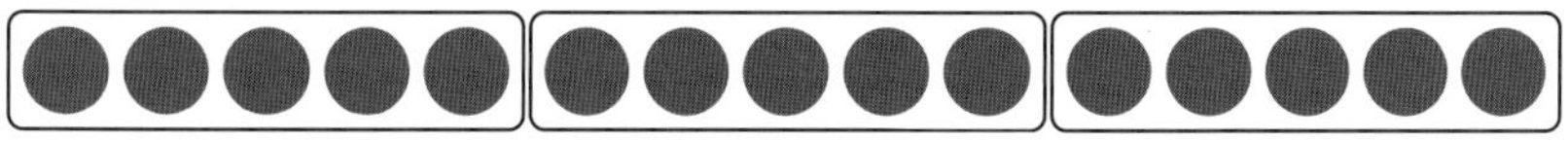

1はこの
ケーキの　数

しき

答え（　　　　　）

3 1さつの　あつさが
4cmの　アルバムが　あります。
8さつ分の　あつさは　何cm　ですか。

しき

答え（　　　　　）

ヒント　❷「5この　3はこ分《ぶん》」だから、しきは　5×3と　かけるね。

21 かけ算②

学習日　　月　　日

答え 22ページ

ばいの　計算《けいさん》の　しかた

4cmの　3つ分《ぶん》の　ことを、
（×3）
「4cmの　3ばい」とも　いいます。
（×3）
しきで　あらわすと、4×3と　なります。

「〜ばい」も　かけ算《ざん》で
もとめられるよ。

1 長《なが》さが　3cmの　おもちゃの　じどう車《しゃ》が　あります。
4つ分の　長さは　何《なん》cmですか。

何ばいに　なるかを　考《かんが》えましょう。

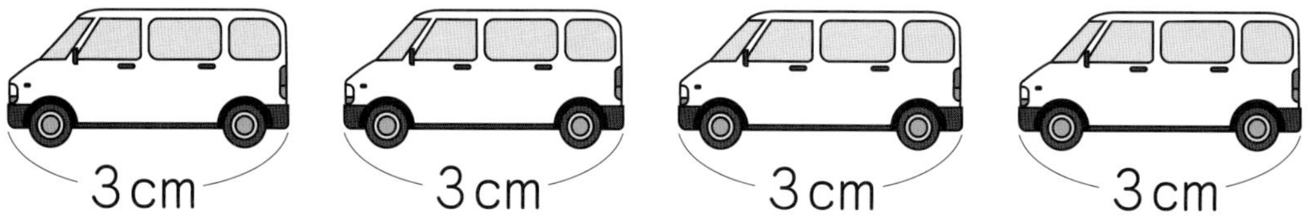

3cmの　4つ分だから、

3cmの　①□　ばい

かけ算の　しきに　かいて　答《こた》えを　もとめましょう。

しき　3×②□＝③□

答え　④□　cm

2 4cmの　テープの　5ばいの　長さは　何cmですか。

しき　①□×②□＝③□

答え　④□　cm

ヒント
2「4cmの　5ばい」に　なるから、しきは　4×5だよ。
4+4+4+4+4の　計算を　しよう。

学習日　月　日

★できた　もんだいには、「た」を　かこう！★

でき 1　でき 2　でき 3

答え　22ページ

1 下の　直線《ちょくせん》の　長《なが》さは　4cm の　6ばいです。
直線の　長さは　何《なん》cm ですか。

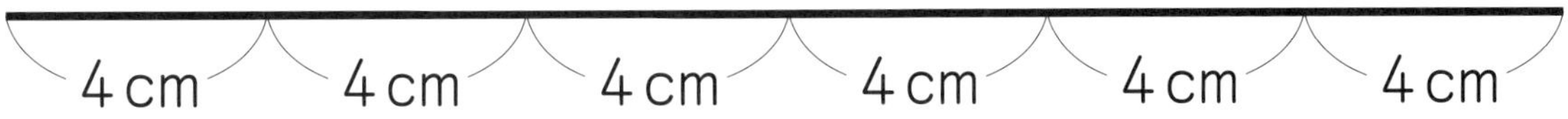
4cm
4cm
4cm
4cm
4cm
4cm

しき

答《こた》え（　　　　）

2 3cm の　4ばいの　高《たか》さは　何 cm ですか。

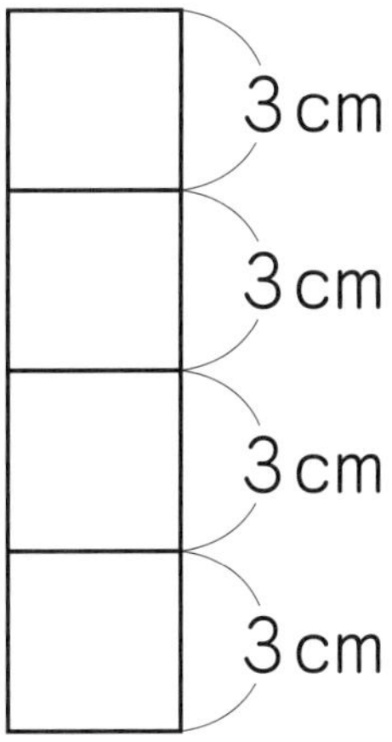
3cm
3cm
3cm
3cm

しき

「3cm の　4ばい」だから、
しきは　3×4 だよ。

答え（　　　　）

3 2Lの　3ばいの　かさは　何Lですか。

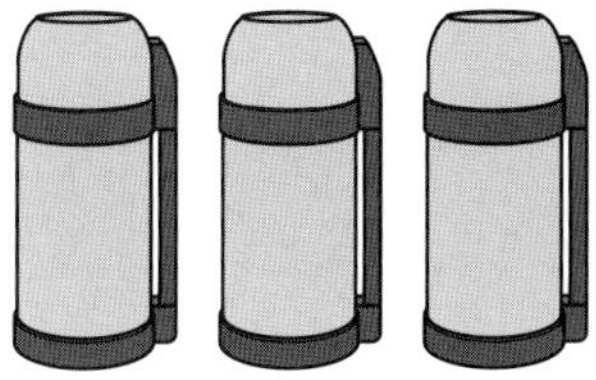

しき

答え（　　　　）

ヒント　1 「4cm の　6ばい」だから、かけ算《さん》で　あらわすと　4×6 に　なるよ。

学習日　　月　　日

22 かけ算③

答え 23ページ

かけられる数《かず》と　かける数

2こ入りの　あめの　ふくろ　6ふくろ分《ぶん》の　あめの　数を
もとめる　しきは　2×6です。

2×6
かけられる数（2）　かける数（6）

1 1つの　はこに　まんじゅうが
5こずつ　入って　います。8はこでは、
まんじゅうは　何《なん》こに　なりますか。

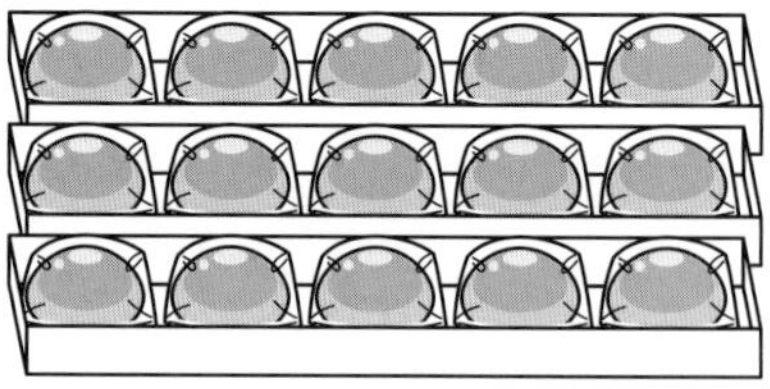

1つ分を　あらわす　数と　いくつ分を　あらわす　数が
いくつかを　考《かんが》えましょう。

1つ分は　① 5 、いくつ分は　② 8

1つ分の　数が
かけられる数を
あらわして　いるよ。

かけ算《ざん》の　しきに　かいて　答《こた》えを　もとめましょう。

しき　（かけられる数）③ 5 ×（かける数）④ 8 = ⑤ 40

答え　⑥ 　　こ

2 1人に　4まいずつ　おり紙《がみ》を　くばります。
子ども　7人に　くばると、おり紙は　何まい　いりますか。

しき　①　　（1つ分）×②　　（いくつ分）=③

答え　④ 　　まい

ヒント　**2** 1つ分の　数は　4で、その　7つ分に　なるよ。

★できた もんだいには、「た」を かこう！★

でき ❶　でき ❷　でき ❸

学習日　月　日

答え　23ページ

❶ 1こ　5円の　チョコレートを
6こ　買《か》うと、何《なん》円に　なりますか。

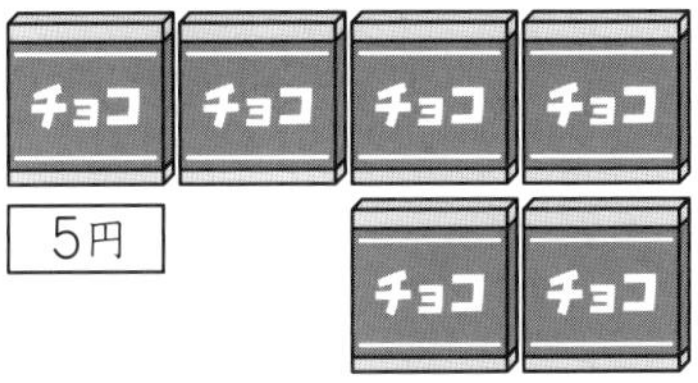

しき　□×□＝□

1つ分《ぶん》の　数《かず》は　5で、
いくつ分の　数は　6だよ。
しきは　5×6に　なるね。

答《こた》え（　　　　）

❷ 8人ずつで　はんを　つくると、ぜんぶで　4つの　はんが
できました。みんなで　何人　いますか。

しき

1つ分の　数は　8で、
その　4つ分だから…

答え（　　　　）

❸ 1まいの　さらに　たこやきが
6こずつ　のって　います。
8さらでは、たこやきは　何こに
なりますか。

しき

答え（　　　　）

ヒント ❸ 1つ分の　数は　6で、いくつ分の　数は　8だよ。

23 かけ算④

答え 24ページ

かけられる数《かず》と　かける数

3つの　かごに　みかんが　6こずつ　入って　います。
ぜんぶの　数を　もとめる　しきは　6×3です。

6×3
かけられる数（6）　かける数（3）

1 せっけんの　はこが　3つ　あります。
1つの　はこには、せっけんが　4こずつ
入って　います。せっけんは、ぜんぶで
何《なん》こ　ありますか。

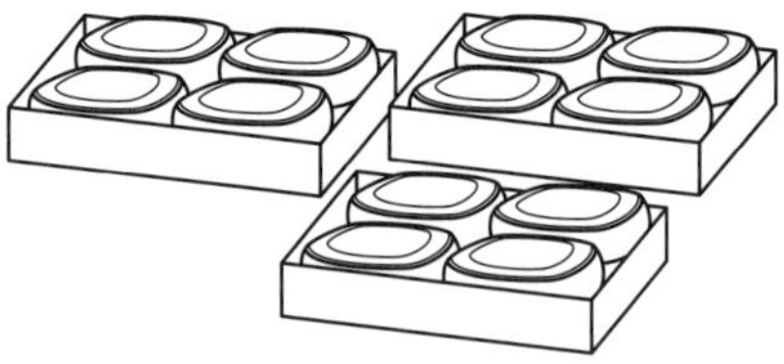

1つ分《ぶん》を　あらわす　数と　いくつ分を　あらわす　数が
いくつかを　考《かんが》えましょう。

1つ分は ① 4 、いくつ分は ② 3

かけ算《ざん》の　しきに　かいて　答《こた》えを　もとめましょう。

しき　③ 4（かけられる数）×④ 3（かける数）＝⑤ 12

答え ⑥ 　こ

2 リボンを　4本　つなぎます。
リボン　1本の　長《なが》さは　5cmです。
ぜんぶで　何cmに　なりますか。

しき　① 5（1つ分）×② 4（いくつ分）＝③ 20

答え ④ 　cm

ヒント　**2** 1つ分の　数は　5で、その　4つ分に　なるよ。

学習日　　月　　日

★できた　もんだいには、「た」を　かこう！★

1 でき　2 でき　3 でき

答え　24ページ

1 長《なが》いすが　8つ　あります。
1つの　長いすに　4人ずつ　すわります。
みんなで　何《なん》人　すわれますか。

しき　□×□＝□

1つ分《ぶん》の　数《かず》は　4で、
いくつ分の　数は　8だよ。
しきは　4×8に　なるね。

答《こた》え（　　　　）

2 夏《なつ》休みに　7日間《かん》　本を　読《よ》みます。1日に　8ページずつ
読むと、ぜんぶで　何ページ　読む　ことに　なりますか。
しき

1つ分の　数は　8で、
その　7つ分だから…

答え（　　　　）

3 子どもが　9人　います。1人に　3本ずつ　えんぴつを
くばるとき、えんぴつは　何本　いりますか。
しき

答え（　　　　）

ヒント　3　1つ分の　数は　3で、いくつ分の　数は　9だよ。

24 かけ算を　つかった　もんだい①

答え 25ページ

かけ算《ざん》と　たし算が　まじった　もんだい

同《おな》じ　りょうの　何《なん》こ分《ぶん》か、何ばいかを　もとめる　ときは
かけ算を　します。

何こだけ　多《おお》い　数《かず》などを　もとめる　ときは
たし算を　します。

もんだいを　よく　読《よ》んで　じゅんに　考《かんが》えます。

1 1まい　8円の　色紙《いろがみ》を　6まいと、
30円の　リボンを　買《か》いました。
ぜんぶで　何円ですか。

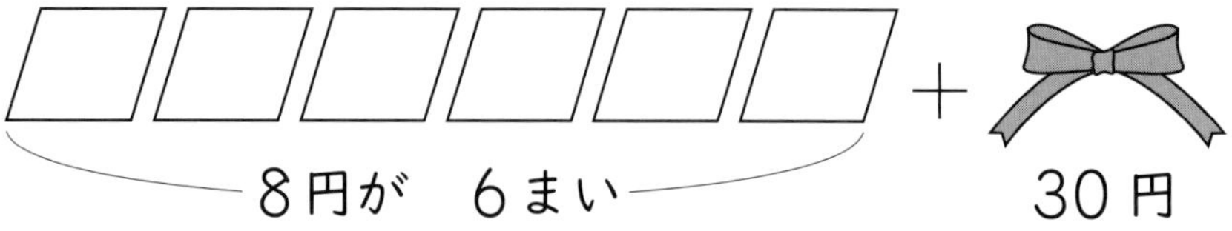
8円が　6まい
30円

どれが　かけ算で、
どれが　たし算かな。

じゅんに　考えましょう。

1まい　8円の　色紙　6まいの　だい金を　もとめると、

①[　　]×②[　　]=③[　　]

30円の　リボンも　買うので、

④[　　]+30=⑤[　　]

↑ 色紙　6まいの だい金　　↑ リボンの ねだん

しき　⑥ 8 ×⑦ 6 =⑧ 48

⑨ 48 +30=⑩ 78

答え　⑪[　　]円

学習日　月　日

★できた　もんだいには、「た」を　かこう！★

できき ①　できき ②　できき ③

答え　25ページ

1 まと当《あ》てゲームで　りかさんは
3回《かい》とも　3点《てん》でした。ただしさんは
りかさんより　4点　多《おお》く　とりました。
ただしさんは　何《なん》点でしたか。

(1)りかさんの　点数《すう》を　もとめましょう。

しき　3×3＝9

答《こた》え（　9点　）

(2)ただしさんの　点数を　もとめましょう。

しき　9＋4＝13

ただしさんの
点数は
りかさんより
多いから…

答え（　13点　）

2 1こ　8円の　キャラメルを　7こと、45円の　チョコレートを
1こ　買《か》いました。ぜんぶで　何円ですか。

しき　□×□＝□

□＋□＝□

答え（　　　）

3 はるきさんは、本を　読《よ》みました。月曜《よう》日から　金曜日までの
5日間《かん》は、1日に　9ページずつ　読みました。土曜日は
16ページ　読みました。ぜんぶで　何ページ　読みましたか。

しき

答え（　　　）

ヒント　③ 月曜日から　金曜日までに　読んだ　ページ数は　かけ算《ざん》で　もとめるよ。

学習日　　月　　日

25 かけ算を　つかった　もんだい②

答え 26ページ

かけ算《ざん》と　ひき算が　まじった　もんだい

同《おな》じ　りょうの　何《なん》こ分《ぶん》か、何ばいかを　もとめる　ときは
かけ算を　します。
何こだけ　少《すく》ない　数《かず》などを　もとめる　ときは
ひき算を　します。
もんだいを　よく　読《よ》んで　じゅんに　考《かんが》えます。

1 1こ　7円の　あめを　8こ　買《か》って、
100円を　はらうと、
おつりは　いくらですか。

おつりは　だい金が
もって　いる　お金より
少ないと　もらえるよ。

あめの　だい金は　7円の　8こ分です。
おつりは　つぎの　ように　もとめます。

［もっているお金］－［だい金］＝［おつり］

じゅんに　考えましょう。
1こ　7円の　あめ　8この　だい金を　もとめると、

①［　］×②［　］＝③［　］

100円を　はらったので、

100－④［　］＝⑤［　］

（100：はらった　お金　④：あめ　8この　だい金）

しき　⑥［7］×⑦［8］＝⑧［56］

100－⑨［56］＝⑩［44］

答え　⑪［　］円

ヒント　**1** おつりは　はらった　お金より　少ないよ。

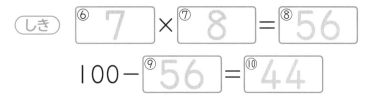

れんしゅう

★できた　もんだいには、「た」を　かこう！★

でき ①　でき ②　でき ③

学習日　　月　　日

答え　26ページ

1 3この　くりが　入った　ふくろが　7ふくろ　あります。
5こを　友《とも》だちに　あげると、のこりは　何《なん》こですか。

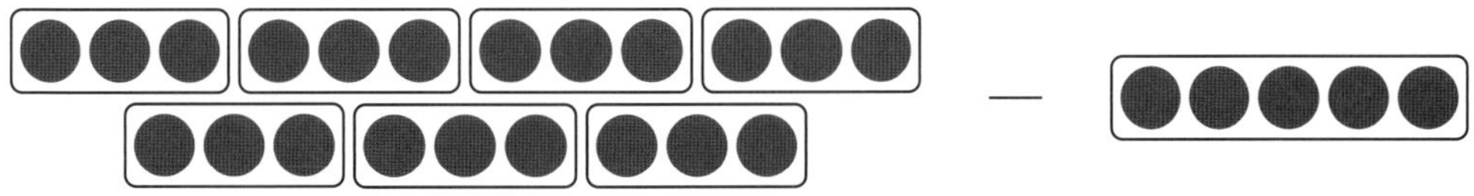

しき　3×7＝21
21−5＝16

答《こた》え（　16こ　）

2 7cmの　5ばいの　長《なが》さの　リボンから、
6cm　切《き》りとりました。
のこりの　長さは　何cmですか。

しき　□×□＝□
□−□＝□

「7cmの　5ばい」だから
かけ算《ざん》で　もとめるよ。
切りとった　のこりの
長さは　ひき算で　もとめよう。

答え（　　　　）

3 1ふくろ　8まい入りの　おり紙《がみ》セットが　4ふくろ　あります。
そのうち、おり紙を　7まい　つかいました。
のこりは　何まいですか。

しき

答え（　　　　）

ヒント　③ かけ算で　おり紙の　数《かず》を　もとめて、7まいを　ひくよ。

26 長さの　たし算②

答え 27ページ

長《なが》さの　たし算《ざん》

長さの　たし算は　同《おな》じ　たんいの　ところを　たします。

1 m 50 cm＋30 cm＝1 m 80 cm
（50 cm と 30 cm が 同じ　たんい）

2 m 10 cm＋1 m＝3 m 10 cm
（2 m と 1 m が 同じ　たんい）

cm　mm の　ときと
同じように　計算《けいさん》できるね。

1 つぎの　2つの　テープの　長さは　あわせて　何《なん》m何cmですか。

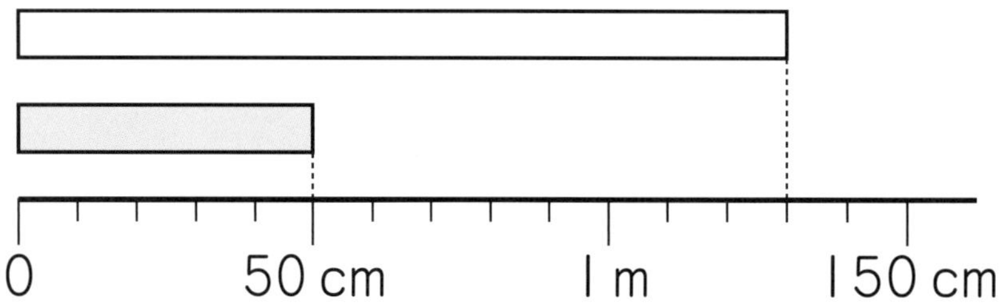

しきと　答《こた》えを　かきましょう。

しき　1 m 30 cm＋50 cm＝1 m 80 cm

答え（ 1 m 80 cm ）

2 1 m 10 cm の　長さの　ひもと、2 m の　長さの　ひもを
ならべます。あわせた　長さは　何 m 何 cm ですか。

しきと　答えを　かきましょう。

しき

答え（ 3 m 10 cm ）

ヒント　2 同じ　たんいが　どこなのか、まちがえないように　しよう。

ぴったり2
れんしゅう

学習日　月　日

★できた　もんだいには、「た」を　かこう！★

でき 1　でき 2

答え 27ページ

1 2mの　長《なが》つくえに、よこならびに　なるように、
長さが　70cmの　つくえを　くっつけました。
あわせると　何《なん》m何cmに　なりますか。

しき　2m＋70cm＝2m70cm

答《こた》え（　　m　　cm）

2 長いすの　たての　長さは　40cmです。
この　長いすの　よこの　長さは、
たての　長さより　1m10cm　長いです。
長いすの　よこの　長さを　もとめましょう。

(1)長いすの　よこの　長さは　何m何cmですか。

しき

答え（　　m　　cm）

(2)長いすの　よこの　長さは　何cmですか。

答え（　　cm）

ヒント　2 (2)　1m＝100cmだね。

学習日　　月　　日

27 長さの　ひき算②

答え 28ページ

長《なが》さの　ひき算《ざん》

長さの　ひき算は　同《おな》じ　たんいの　ところを ひきます。

1m 80cm－20cm＝1m 60cm
（80cm と 20cm：同じ　たんい）

2m 30cm－1m＝1m 30cm
（2m と 1m：同じ　たんい）

長さの　ひき算も
同じ　たんいどうしで
計算《けいさん》を　しよう。

1 1m 70cmの　赤い　テープと
60cmの　青い　テープが　あります。
赤い　テープは　青い　テープより　何《なん》m何cm　長いですか。

しきと　答《こた》えを　かきましょう。

しき　1m 70cm－60cm＝1m 10cm

答え（1m 10cm）

2 長さの　ちがう　2本の　ロープが　あります。
長い　ほうの　ロープの　長さは　3m 50cm、みじかい
ほうの　ロープの　長さは　2mです。この2本の　ロープの
長さの　ちがいは　何m何cmですか。

しきと　答えを　かきましょう。

しき　3m 50cm－2m＝1m 50cm

答え（　　m　　cm）

ヒント　**2** 同じ　たんいどうしで　計算　しよう。

学習日　月　日

★できた　もんだいには、「た」を　かこう！★

できき ❶　できき ❷

答え 28ページ

❶ 1mの　紙《かみ》テープが　あります。
この　テープから　20cm　切《き》りとりました。
のこりの　長《なが》さは　何《なん》cmですか。
しき

答《こた》え(　　　　　)

❷ 右の　図《ず》の　ような　黒《こく》ばんが　あります。
たての　長さと　よこの　長さの
ちがいは　何cmですか。

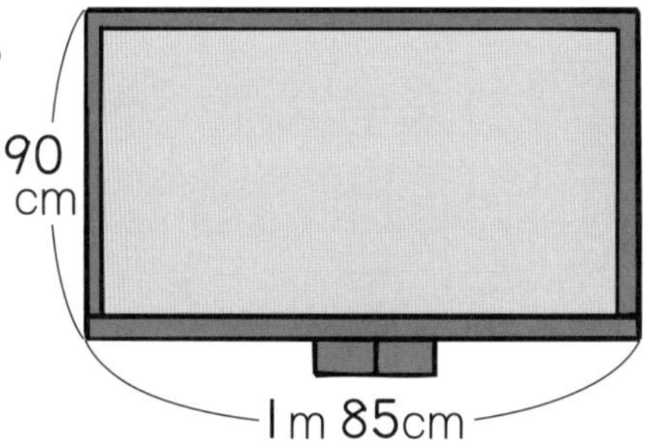

(1)この　黒ばんの　よこの　長さは
何cmですか。

答え(185cm)

(2)この　黒ばんの　たての　長さと　よこの　長さの　ちがいは
何cmですか。
しき

答え(　　　　　)

ヒント　❷ (2)　たんいは　cmに　そろえた　もので　計算《けいさん》しよう。

学習日　　月　　日

28 ふえたのは　いくつ

答え 29ページ

「ふえたのは　いくつ」の　図《ず》の　かき方《かた》

公園《こうえん》で　はじめに　子どもが　12人　あそんで　いました。
そこへ　友《とも》だちが　来《き》て、みんなで　27人に　なりました。
友だちは　何《なん》人　来ましたか。

（図の　かき方）
①はじめの　子どもの　数《かず》
　12人
②あとから　友だちが　何人か
　来た
③みんなで　27人に　なった

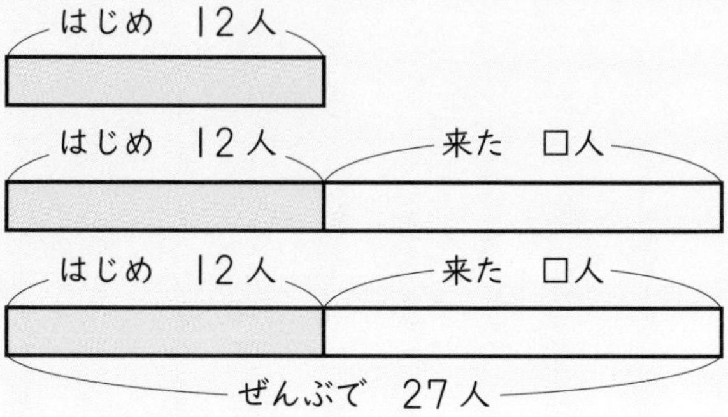
はじめ　12人
はじめ　12人
来た　□人
はじめ　12人
来た　□人
ぜんぶで　27人

1 コスモスが　きのう　14本　さいて　いました。
けさは　26本　さいて　いました。
さいて　いる　コスモスは　何本　ふえましたか。

図を　みて　考《かんが》えましょう。

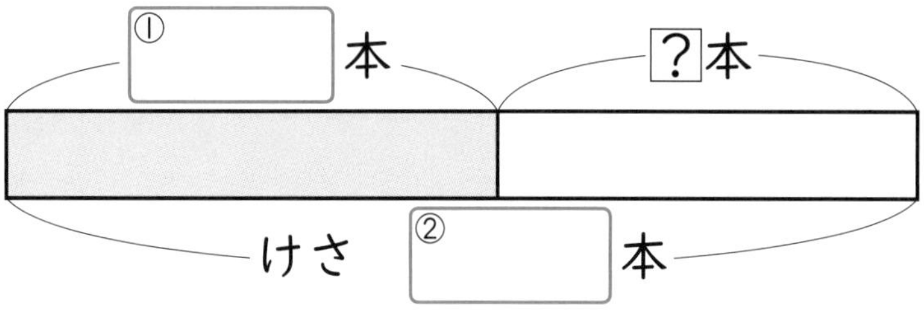
きのう
①□本
ふえた
?本
けさ
②□本

けさの　数から
きのうの　数を
ひくと、ふえた　数に
なるね。

しきと　答《こた》えを　かきましょう。

しき　③ 26 － ④ 14 ＝ ⑤ 12

答え　⑥□本

ヒント　**1** もんだいを　よく　読《よ》んで　あてはまる　数を　かこう。

★できた　もんだいには、「た」を　かこう！★

でき 1　でき 2

答え 29ページ

1 鳥《とり》が　25わ　岩場《いわば》に　とまって　います。
さらに　鳥が　とんで　きたので、
ぜんぶで　44わに　なりました。何《なん》わ　ふえましたか。

(1)つぎの　図《ず》の　□に　あてはまる　数《かず》を　かきましょう。

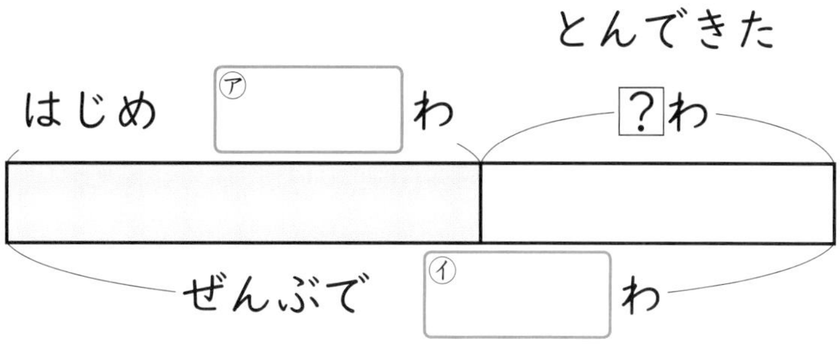
とんできた
はじめ
㋐
わ
?わ
ぜんぶで
㋑
わ

(2)しきと　答《こた》えを　かきましょう。

しき

答え（　　　　　）

2 さやかさんは　ビーズを　23こ　もって　います。
ビーズを　いくつか　もらったので、
ビーズは　ぜんぶで　38こに　なりました。
何こ　もらいましたか。図を　かいて　考《かんが》えましょう。

図

しき

答え（　　　　　）

ヒント

2 「ふえたのは　いくつ」だから、「ぜんぶの　数ーはじめの　数」の　しきに　あてはめて、計算《けいさん》しよう。

学習日　月　日

29 へったのは　いくつ

答え 30ページ

「へったのは　いくつ」の　図《ず》の　かき方《かた》

クッキーが　35こ　ありました。友《とも》だちに　くばると、のこりは　8こに　なりました。何《なん》こ　くばりましたか。

（図の　かき方）

①はじめに　クッキーが　35こ

②友だちに　何こか　くばった

③のこりは　8こ

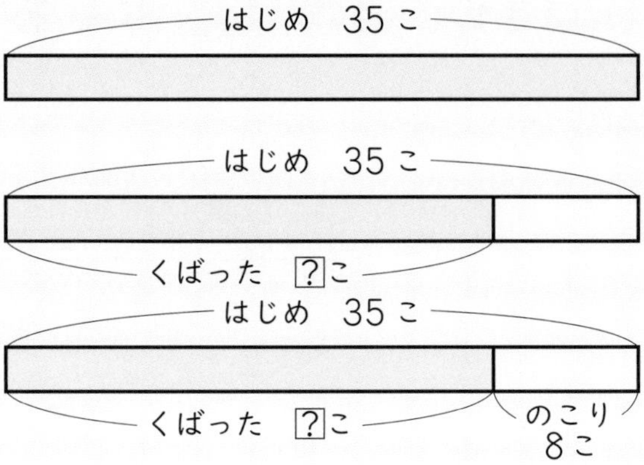

1 ジュースを　36本　ようい　しました。
子どもたちに　くばったら、12本　のこりました。
何本　くばりましたか。

図を　かいて　考《かんが》えましょう。

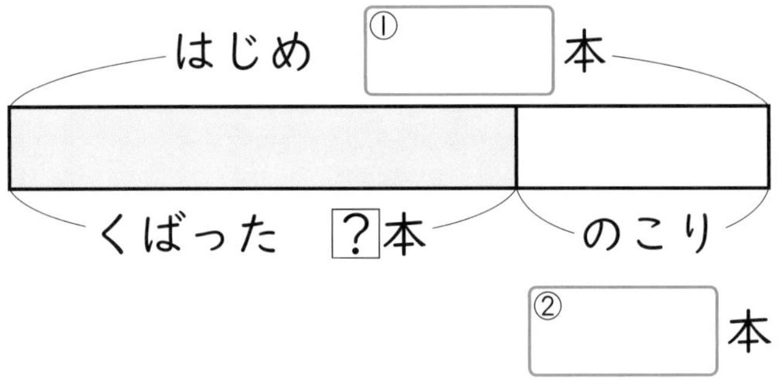

はじめの　数《かず》から
のこった　数を　ひくと、
くばった　数に　なるね。

しきと　答《こた》えを　かきましょう。

しき　③ 36 － ④ 12 ＝ ⑤ 24

答え　⑥　本

ヒント　**1** もんだいを　よく　読《よ》んで　あてはまる　数を　かこう。

学習日　月　日

★できた　もんだいには、「た」を　かこう！★

でき 1　でき 2

答え 30ページ

1 ちゅう車場《しゃじょう》に　車が　42台《だい》　とまって　います。
何《なん》台か　出て　行《い》ったので、37台に　なりました。
何台　出て　行きましたか。

(1)つぎの　図《ず》の　□に　あてはまる　数《かず》を　かきましょう。

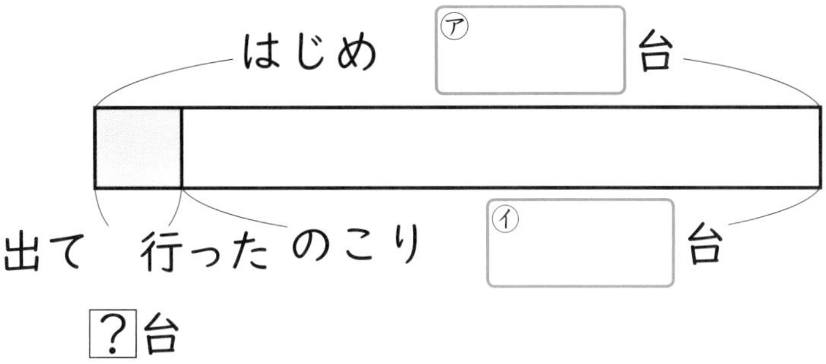

(2)しきと　答《こた》えを　かきましょう。

しき

答え（　　　　　　）

2 さいふに　180円を　入れて　買《か》いものに　行きました。
おかしを　買ったら、のこりは　55円に　なりました。
買った　おかしは　何円でしたか。
図を　かいて　考《かんが》えましょう。

図

しき

答え（　　　　　　）

ヒント

2 「へったのは　いくつ」だから、「はじめの　数－のこった　数」の　しきに　あてはめて、計算《けいさん》しよう。

学習日　　月　　日

30 はじめは　いくつ①

答え 31ページ

「はじめは　いくつ」の　図《ず》の　かき方《かた》

たかしさんは　シールを　もって　います。お父《とう》さんから
シールを　20まい　もらったので、37まいに　なりました。
はじめに　何《なん》まい　もって　いましたか。

（図の　かき方）
①はじめに　シールが
何まいか　ある
②20まい　もらった
③ぜんぶで　37まいに
なった

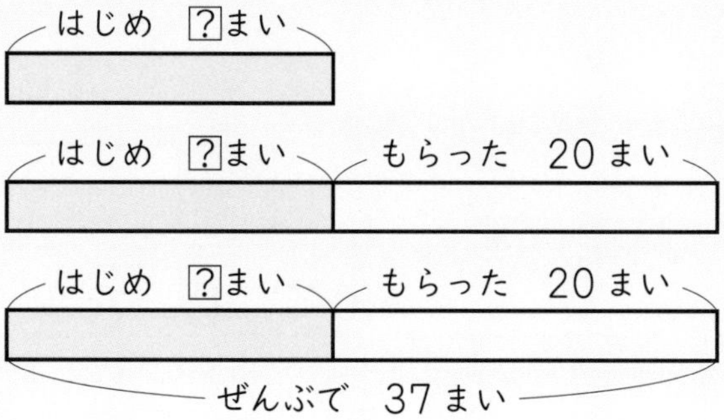

1 体《たい》いくかんに　子どもが　あつまって　います。
あと　7人　来《く》ると、28人に　なります。
今《いま》、何人　いますか。

図を　かいて　考《かんが》えましょう。

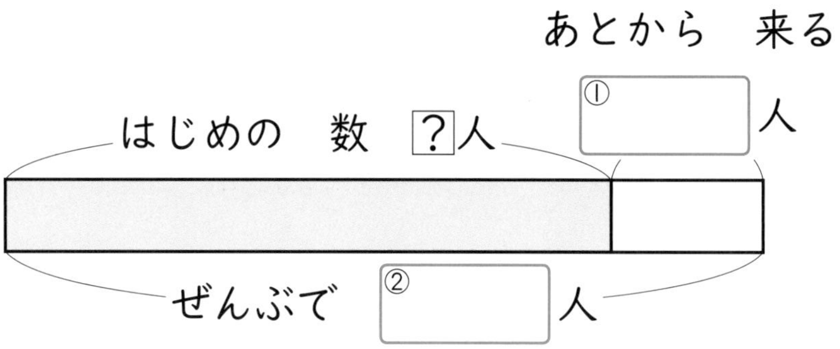

しきと　答《こた》えを　かきましょう。

しき　③ 28 − ④ 7 ＝ ⑤ 21

答え　⑥　人

ヒント　**1** もんだいを　よく　読《よ》んで　あてはまる　数《かず》を　かこう。

★できた　もんだいには、「た」を　かこう！★

でき ❶　でき ❷

答え　31 ページ

❶ バスに　人が　のって　います。つぎの　バスていで　6人　のって　きたので、ぜんぶで　21人に　なりました。はじめに　何《なん》人　のって　いましたか。

(1)つぎの　図《ず》の　□　に　あてはまる　数《かず》を　かきましょう。

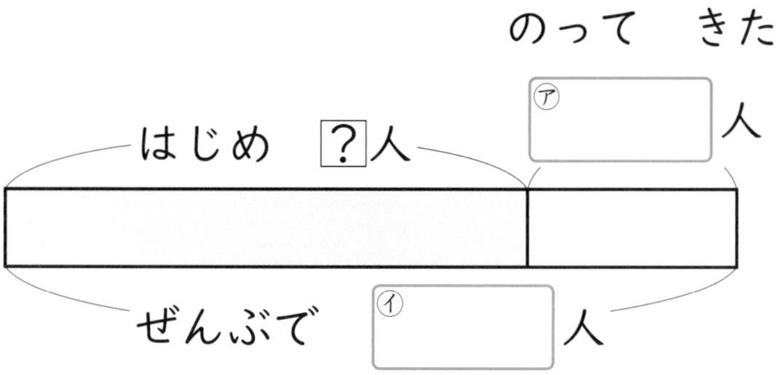

ぜんぶの　数から
ふえた　数を　ひくと、
はじめの　数に　なるね。

(2)しきと　答《こた》えを　かきましょう。

しき

答え（　　　　　）

❷ ゆうさんは　お母《かあ》さんから　おこづかいを　80円　もらったので、もって　いる　お金は　ぜんぶで　175円に　なりました。ゆうさんは、はじめに　何円　もって　いましたか。図を　かいて　考《かんが》えましょう。

図

しき

答え（　　　　　）

ヒント

❷「はじめは　いくつ」だから、「ぜんぶの　数ー ふえた　数」の　しきに　あてはめて、計算《けいさん》しよう。

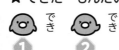

ぴったり1
じゅんび

31 はじめは　いくつ②

学習日　　月　　日

答え　32ページ

「はじめは　いくつ」の　図《ず》の　かき方《かた》

たんじょう日会《かい》で　ケーキを　ようい　しました。
みんなで　15こ　食《た》べたら、3こ　のこりました。
ケーキは　はじめに　何《なん》こ　ありましたか。

（図の　かき方）
①はじめに　ケーキが　何こか　ある
②15こ　食べた
③のこりは　3こに　なった

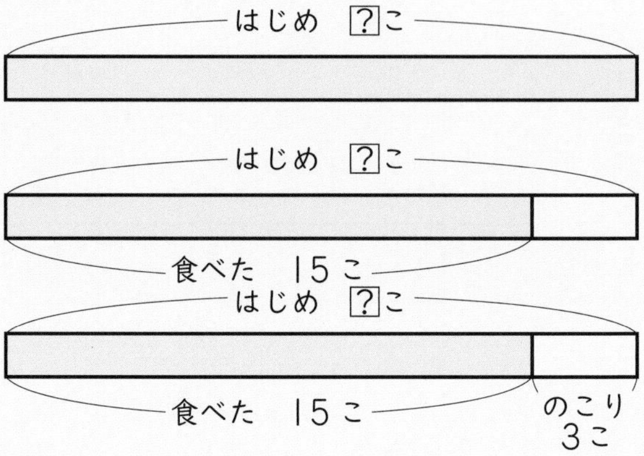

1 にわに　すずめが　います。
そのうち　8わ　とんで　いったので、7わ　のこりました。
はじめに　何わ　いましたか。

図を　かいて　考えましょう。

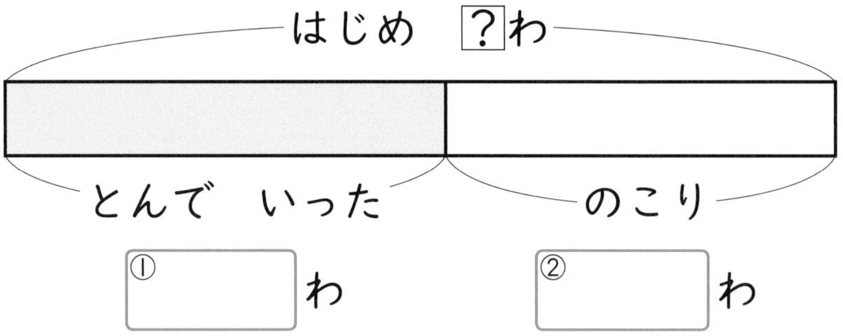

しきと　答《こた》えを　かきましょう。

しき　③ 7 ＋ ④ 8 ＝ ⑤ 15

答え　⑥　　わ

ヒント　1 もんだいを　よく　読《よ》んで　あてはまる　数を　かこう。

★できた　もんだいには、「た」を　かこう！★

でき 1　でき 2

答え　32ページ

1 えいたさんは、妹《いもうと》に　おり紙《がみ》を　25まい　あげました。
おり紙の　のこりを　数《かぞ》えたら、37まいでした。
えいたさんは、はじめ　おり紙を　何《なん》まい　もって　いましたか。

(1)つぎの　図《ず》の　□　に　あてはまる　数《かず》を　かきましょう。

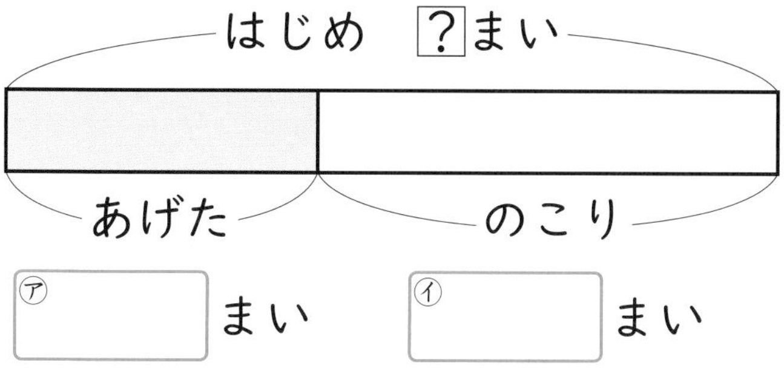

はじめの　数は、
のこった数と　へった数を
たすと　わかるね。

(2)しきと　答《こた》えを　かきましょう。

しき

答え（　　　）

2 あやかさんは、リボンで　かざりを　作《つく》りました。
リボンを　128 cm　つかうと、リボンの　のこりは
27 cm でした。リボンは　はじめに　何 cm　ありましたか。
図を　かいて　考《かんが》えましょう。

図

しき

答え（　　　）

ヒント　2　はじめの　数は、「のこった　数＋へった　数」の　しきに　あてはめて　計算《けいさん》しよう。

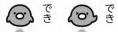

32 まとめて　考えて①

学習日　　月　　日

答え　33ページ

まとめて　考《かんが》えよう

いくつ　ふえたかを　まとめて　考えましょう。

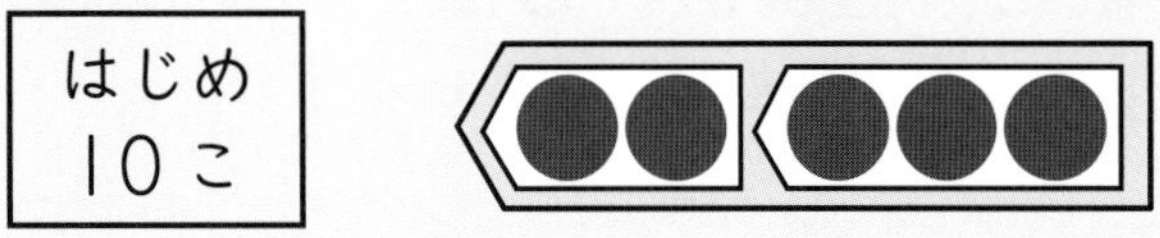
はじめ
10こ

はじめ　10こ　あって、
2こ　もらって、
3こ　もらった。

1 池《いけ》に　あひるが　20わ　います。そこへ　4わ　入って　来《き》て、
そのあと　3わ　入って　来ました。
あひるは　何《なん》わに　なりましたか。

何わ　ふえたかを　まとめて
考えて　みましょう。

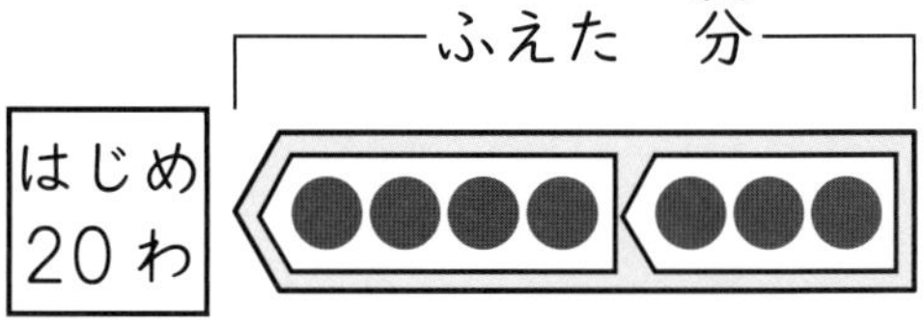
ふえた　分《ぶん》
はじめ
20わ

しき　① 4 ＋ ② 3 ＝ ③ 7
　　　④ 20 ＋ ⑤ 7 ＝ ⑥ 27

答え　⑦ 27 わ

2 しょうさんは、シールを　25まい　もって　います。
きのう　お兄《にい》さんから　シールを　12まい　もらい、
きょう　お母《かあ》さんから　8まい　もらいました。
しょうさんは　今《いま》、シールを　何まい　もって　いますか。

何まい　ふえたかを　まとめて
考えて　みましょう。

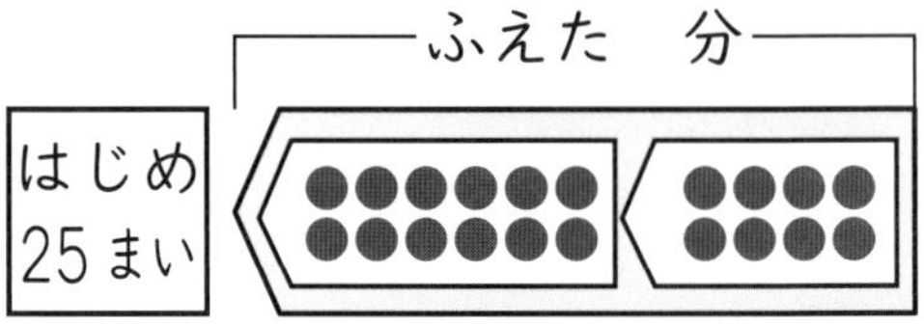
ふえた　分
はじめ
25まい

しき　12＋8＝20
　　　25＋20＝45

答え　（45まい）

ヒント　**2** ふえた分を　さきに　まとめて　計算《けいさん》しよう。ふえた　分は　12＋8で　もとめられるね。

学習日　月　日

★できた　もんだいには、「た」を　かこう！★

でき ①　でき ②　でき ③

答え　33ページ

1 教室《きょうしつ》に　じどうが　18人　います。
そこへ　4人　入って　来《き》て　そのあと　6人　入って　来ました。
教室に　いる　じどうは　何《なん》人に　なりましたか。

(1)つぎの　図《ず》に　●を　かきましょう。

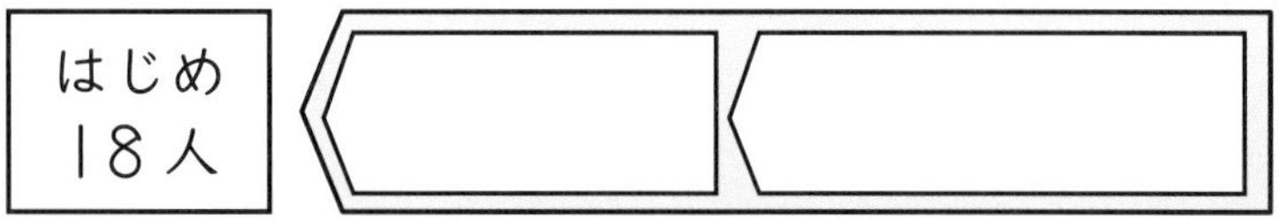

(2)入って　来た　じどうの　数《かず》を　まとめる　考《かんが》え方《かた》で
しきと　答《こた》えを　かきましょう。

しき

答え（　　　　　　）

2 ちゅう車場《しゃじょう》に　バスが　23台《だい》　とまって　います。あとから
トラックが　2台　来ました。また、じょう用《よう》車が　8台
来ました。車は　ぜんぶで　何台に　なりましたか。
あとから　来た　車の　数を　まとめて　考えましょう。

しき

答え（　　　　　　）

3 ゆうさんは、ビーズを　34こ　もって　います。お姉《ねえ》さんから
15こ、お母《かあ》さんから　5この　ビーズを　もらいました。
ゆうさんの　ビーズは　何こに　なりましたか。
もらった　ビーズの　数を　まとめて　考えましょう。

しき

答え（　　　　　　）

ヒント　② ふえた　車の　数は、2＋8で　もとめられるね。

学習日　　月　　日

33 まとめて　考えて②

答え　34ページ

まとめて　考《かんが》えよう

いくつ　へったかを　まとめて　考えましょう。

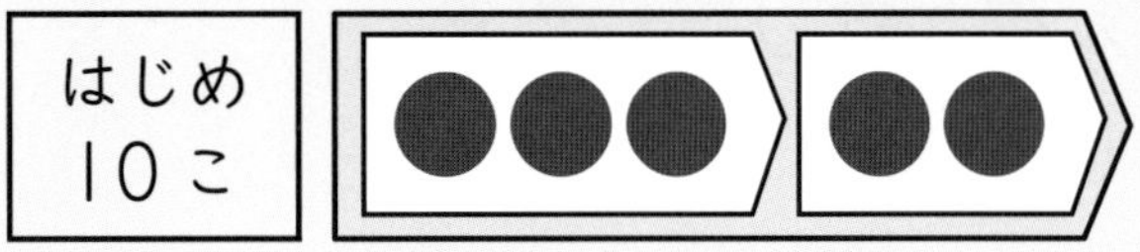

はじめ　10こ　あって、
2こ　あげて、3こ　あげた。

1 公園《こうえん》で　子どもが　18人　あそんで　います。そのうち、3人が　家《いえ》に　帰《かえ》りました。さらに　6人　帰りました。今《いま》、公園に　子どもは　何《なん》人　いますか。

何人　へったかを　まとめて　考えて　みましょう。

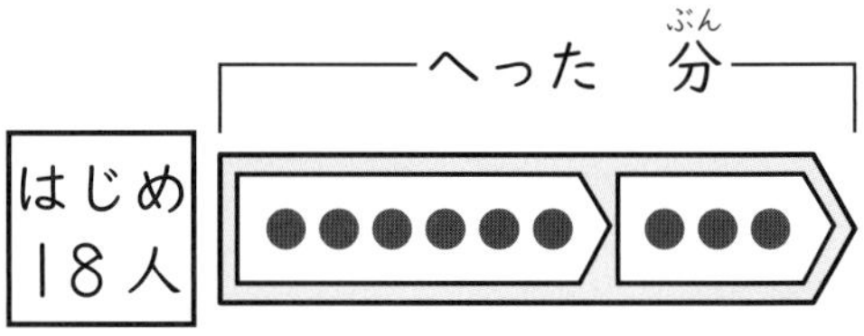

しき　3+6=9
18−9=9

答え（　9人　）

2 バスに　27人　のって　います。つぎの　バスていで　10人　おりました。そのあと、5人　おりました。バスには　今、何人　のって　いますか。

何人　へったかを　まとめて　考えて　みましょう。

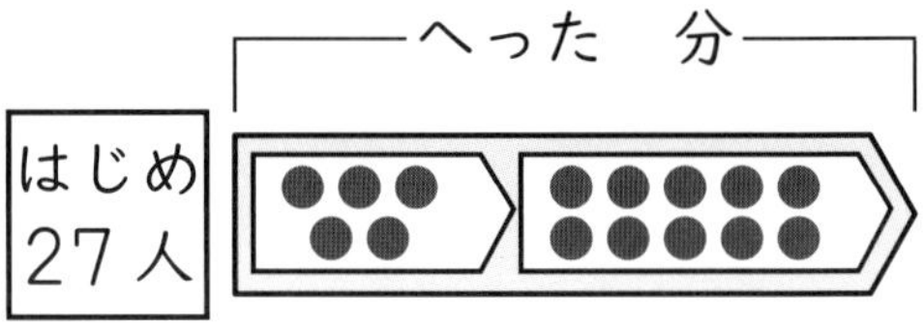

しき　10+5=15
27−15=12

答え（　12人　）

ヒント　**2** バスを　おりた　数《かず》を　さきに　まとめて　計算《けいさん》しよう。

学習日　　月　　日

★できた　もんだいには、「た」を　かこう！★

できた ①　できた ②　できた ③

答え　34ページ

1 あめが　23こ　あります。そのうち　2こ　食《た》べて、
弟《おとうと》に　6こ　あげました。あめは　何《なん》こに　なりましたか。

(1)つぎの　図《ず》に　●を　かきましょう。

はじめ 23こ		

(2)へった　数《かず》を　まとめる　考《かんが》え方《かた》で、
しきと　答《こた》えを　かきましょう。

しき

答え（　　　　　　）

2 ちゅうりん場《じょう》に　じてん車が　15台《だい》　とまって　います。
そのうち　4台　出て　行《い》きました。
そのあと、さらに　8台が　出て　行きました。
今《いま》、ちゅうりん場に　じてん車は　何台　ありますか。
出て　行った　じてん車の　数を　まとめて　考えましょう。

しき

答え（　　　　　　）

3 たくやさんは　120円を　もって　買《か》いものに　行きました。
45円の　おかしを　買った　あとに、70円の　ジュースを
買いました。たくやさんの　お金は　何円に　なりましたか。
つかった　お金を　まとめて　考えましょう。

しき

答え（　　　　　　）

ヒント　③ つかった　分《ぶん》は、45＋70で　もとめられるね。

34 まとめて　考えて③

答え 35ページ

「ふえて　へる」 もんだいを　とこう。

ふえたり　へったり　した　数《かず》を　まとめて　考《かんが》えます。

1 花ばたけに　とんぼが　14 ひき　います。そこへ　6ぴき　やって　来《き》ました。そのあと　4ひき　とんで　いきました。とんぼは　何《なん》びきに　なりましたか。

ふえたり　へったり　した　とんぼの　数を　まとめて　考えましょう。

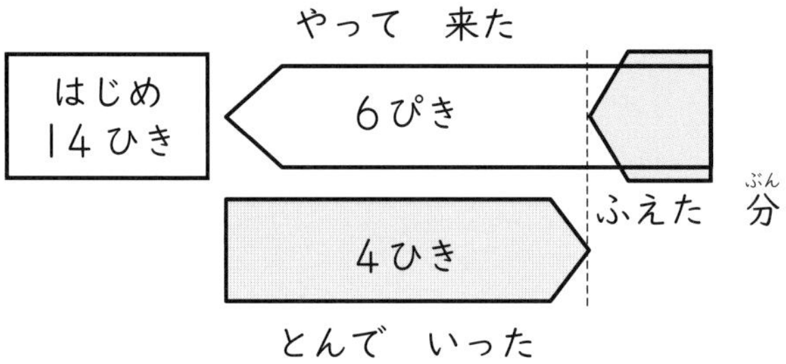

しき　$6 - 4 = 2$

$14 + 2 = 16$

答え　（16 ぴき）

2 さくらさんは、おり紙《がみ》を　21 まい　もって　いました。きのう　おり紙を　15 まい　もらって、きょう　5まい　つかいました。今《いま》、おり紙を　何まい　もって　いますか。

ふえたり　へったり　した　おり紙の　数を　まとめて　考えましょう。

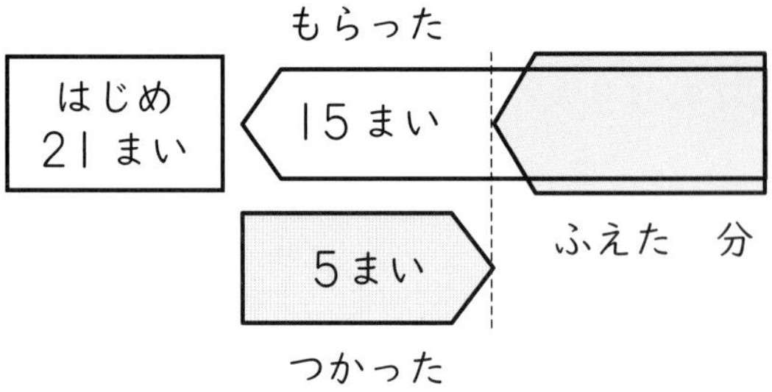

しき　$15 - 5 = 10$

$21 + 10 = 31$

答え　（31 まい）

ヒント　**2** ふえたり　へったり　した　数を　さきに　まとめて　計算《けいさん》しよう。
ふえた　分は　15−5で　もとめられるね。

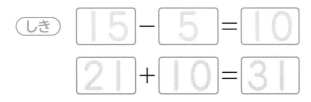

ぴったり2 れんしゅう

学習日　月　日

★できた もんだいには、「た」を かこう！★

でき ①　でき ②　でき ③

答え 35ページ

1 公園《こうえん》に　はとが　21わ　います。そこへ　9わ　やって来《き》ました。そのあと　3わ　とんで　いきました。はとは　何《なん》わになりましたか。

(1)つぎの　図《ず》に　●を　かきましょう。

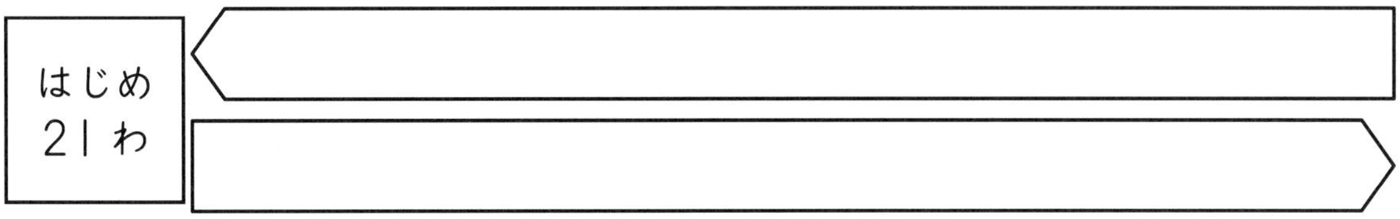

(2)ふえたり　へったり　した　数《かず》を　まとめる　考《かんが》え方《かた》で　しきと　答《こた》えを　かきましょう。

しき

答え（　　　　　）

2 教室《きょうしつ》に　じどうが　12人　います。そこへ　8人　入って来ました。そのあと　3人　出《で》て　いきました。教室に　いるじどうは　何人に　なりましたか。ふえたり　へったり　したじどうの　人数を　まとめて　考えましょう。

しき

答え（　　　　　）

3 学きゅう文こに　本が　57さつ　あります。きょう　17さつもどって　きました。そのあと　8さつ　かし出しました。本は　何さつに　なりましたか。ふえたり　へったり　した本の　数を　まとめて　考えましょう。

しき

答え（　　　　　）

ヒント　③ ふえた　本の　数は　17−8で　もとめられるね。

学習日　　月　　日

35 (　)を　つかった　しき

答え 36ページ

(　)を　つかった　しき

まとめて　たす　ときは　(　)を　つかって　あらわします。
(　)の　中は　さきに　計算《けいさん》します。

1 池《いけ》に　かるがもが　24わ　います。
そこへ　8わ　入って　来《き》ました。
そのあと　2わ　入って　来ました。
かるがもは　何《なん》わに　なりましたか。

何わ　入って　来たかを　まとめて　考《かんが》えて　みましょう。

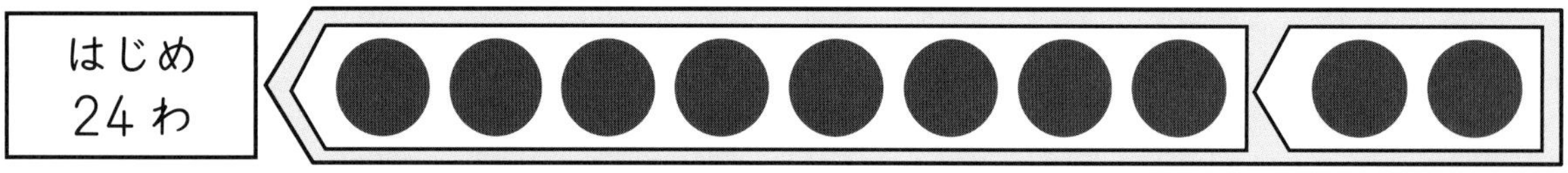

しき　① 8 ＋2＝② 10
24＋③ ＝④

答え　⑤　わ

(　　)を　つかって　しきに　かいて　もとめましょう。

しき　24＋(⑥　＋⑦　)＝⑧

答え　⑨　わ

まとめて　たす
ときは　(　　)を
つかうよ。

ヒント　**1** ふえた　かるがもの　数《かず》は　8＋2で　もとめられるね。

学習日　　月　　日

★できた　もんだいには、「た」を　かこう！★

でき 1　でき 2　でき 3

答え　36ページ

1 さるが　37ひき　います。そこへ　6ぴき　やって　来《き》ました。
そのあと、4ひき　やって　来ました。
さるは　何《なん》びきに　なりましたか。
70ページの　1と　同《おな》じ　考《かんが》え方《かた》で、
(　　)を　つかって　しきに　かいて　もとめましょう。

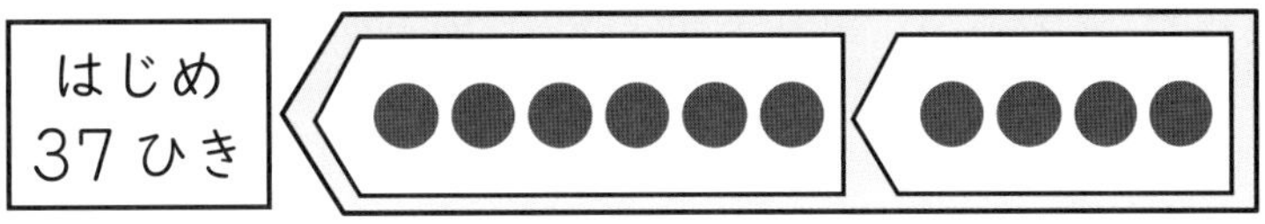
はじめ
37ひき

しき □+(□+□)=□

答《こた》え(　　　　)

2 はるかさんは　ビーズを　25こ　もって　います。
お姉《ねえ》さんから　13こ、お母《かあ》さんから　7こ　もらうと、ビーズは
何こに　なりますか。70ページの　1と　同じ　考え方で、
(　　)を　つかって　しきに　かいて　もとめましょう。

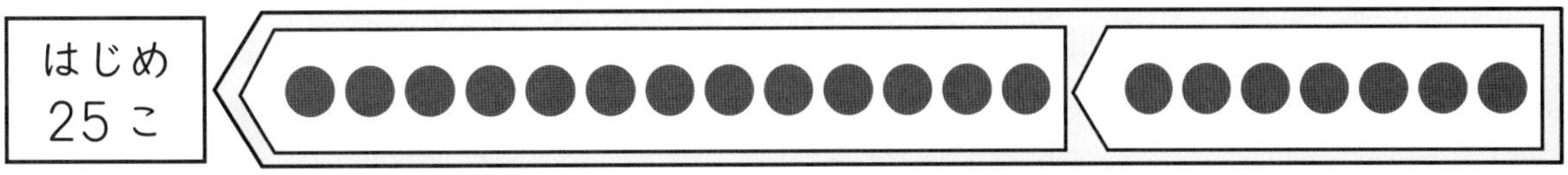
はじめ
25こ

しき □+(□+□)=□

答え(　　　　)

(　　)の　中を
さきに　計算《けいさん》しよう。

3 ちゅう車場《しゃじょう》に　車が　15台《だい》　とまって　います。8台　ふえた
あと、さらに　5台　ふえました。車は　何台に　なりましたか。
しき

答え(　　　　)

ヒント　3 車は　8台　ふえて、さらに　5台　ふえたよ。

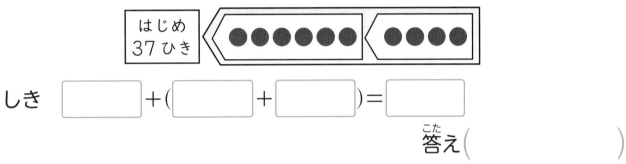

36 ちがいを　みて①

学習日　　月　　日

答え　37ページ

「ちがいの　数《かず》を　考《かんが》える」　図《ず》の　かき方《かた》

みかんと　バナナを　買《か》います。
バナナは　90円です。バナナは　みかんより　55円　高《たか》いです。
みかんは　何《なん》円ですか。

（図の　かき方）
①バナナは　90円
②バナナは　みかんより
　55円　高い
③みかんの　ねだんは
　90−55＝35（円）

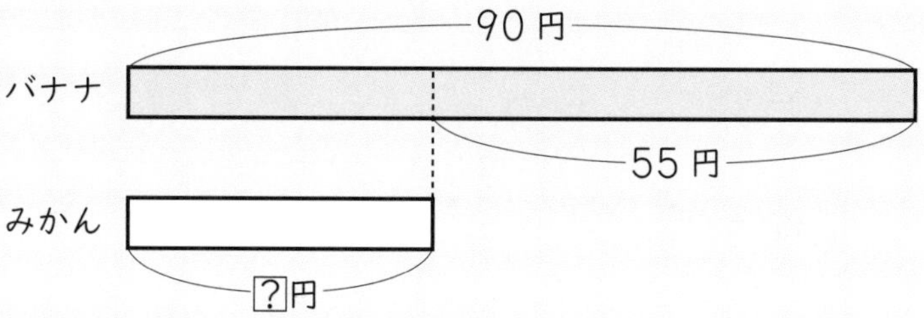

1 まと当《あ》てゲームを　しました。
かおりさんは　38点《てん》で、
ゆきのさんより　3点　多《おお》かった　そうです。
ゆきのさんは　何点　とりましたか。

図を　かいて　考えましょう。

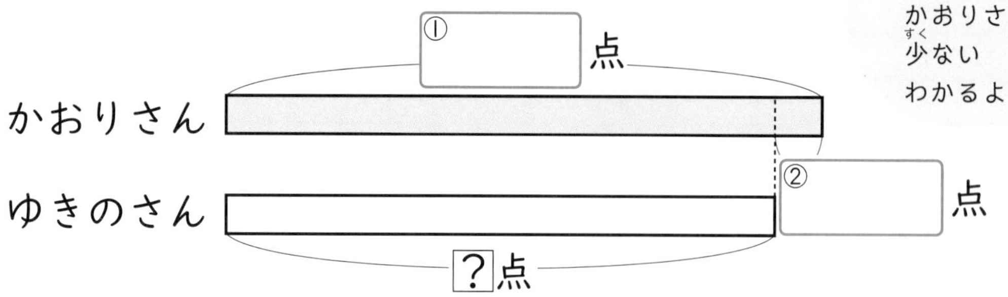

図を　見ると、
ゆきのさんの　点数《すう》は、
かおりさんより　3点
少《すく》ない　ことが
わかるよ。

しきと　答《こた》えを　かきましょう。

しき　③ 38 − ④ 3 ＝ ⑤ 35

答え　⑥　　点

ヒント　**1** もんだいを　よく　読《よ》んで　あてはまる　数を　かこう。

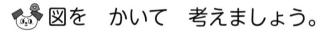

学習日　月　日

★できた　もんだいには、「た」を　かこう！★

でき ❶　でき ❷

答え　37ページ

1 ゆかさんと　お姉《ねえ》さんは　くりひろいに　行《い》きました。
お姉さんは　32こ　ひろいました。お姉さんは　ゆかさんより
8こ　多《おお》かった　そうです。ゆかさんは　何《なん》こ　ひろいましたか。

(1)つぎの　図《ず》の　□　に　あてはまる　数《かず》を　かきましょう。

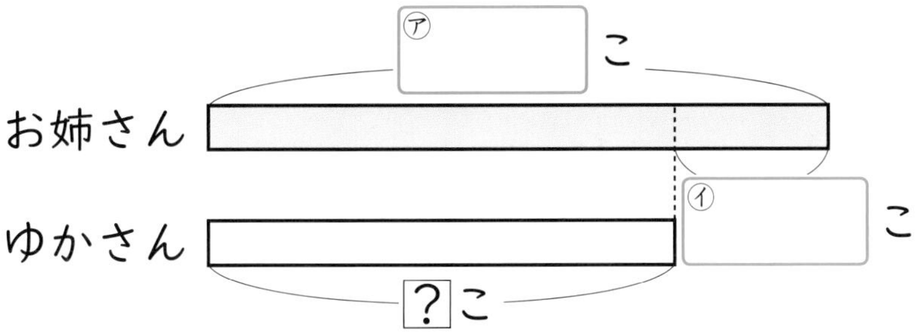

図を　かいて　どちらが
多いか　少《すく》ないかを
考《かんが》えよう。

(2)しきと　答《こた》えを　かきましょう。

しき

答え（　　　　　）

2 うんどう会《かい》で　玉入れを　しました。白組《ぐみ》は　25こ　入れました。
白組は　赤組より　6こ　多かった　そうです。
赤組は　何こ　入れましたか。
図を　かいて　考えましょう。

図

しき

答え（　　　　　）

ヒント　❷「白組は　赤組より　6こ　多かった」から、赤組の　ほうが　少ない　ことが　わかるね。

37 ちがいを　みて②

答え 38ページ

「ちがいの　数《かず》を　考《かんが》える」　図《ず》の　かき方《かた》

白い　リボンと　青い　リボンが　あります。
白い　リボンの　長《なが》さは　25 cm で、白い　リボンは
青い　リボンより　30 cm　みじかい　そうです。
青い　リボンの　長さは　何《なん》cm ですか。

（図の　かき方）

①白い　リボンは　25 cm

②白い　リボンは
青い　リボンより
30 cm　みじかい

③青い　リボンの　長さは
25＋30＝55(cm)

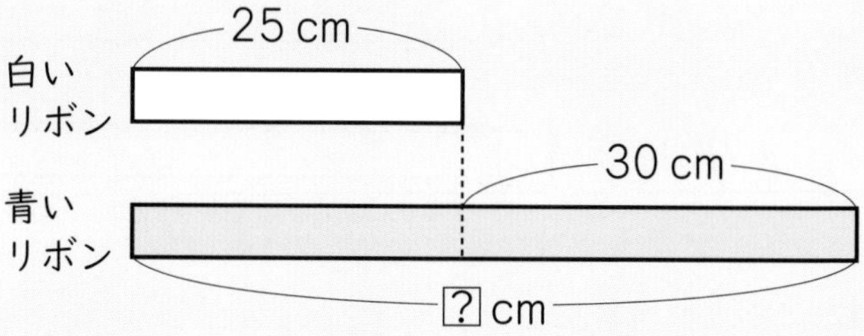

1 りょうかさんは　どんぐりを　33 こ　あつめました。
りょうかさんは　じゅんきさんより　6 こ　少《すく》ない　そうです。
じゅんきさんは　何こ　あつめましたか。

図を　かいて　どちらが　多《おお》いか　少ないかを　考えます。
つぎの　図の　□　に　あてはまる　数《かず》を　かきましょう。

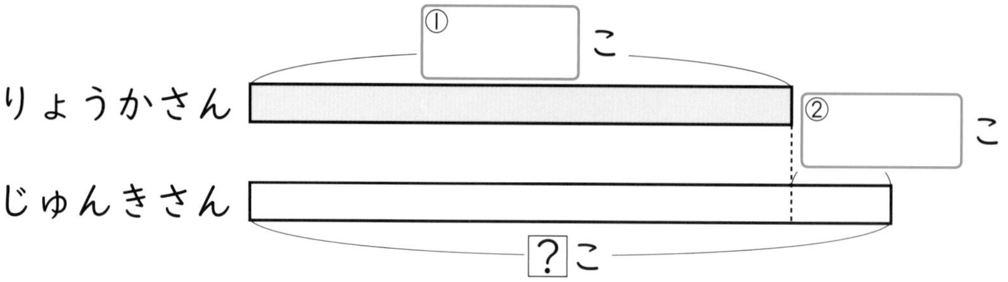

しきと　答《こた》えを　かきましょう。

しき　③ 33 ＋ ④ 6 ＝ ⑤ 39

答え　⑥　　こ

ヒント　**1** もんだいを　よく　読《よ》んで　あてはまる　数を　かこう。

れんしゅう

★できた　もんだいには、「た」を　かこう！★

でき ① でき ②

答え　38ページ

1 ノートと　けしゴムを　買《か》います。
けしゴムは、ノートより　25円　やすいそうです。
けしゴムは　55円です。ノートは　何《なん》円ですか。

(1)つぎの　図《ず》の　□　に　あてはまる　数《かず》を　かきましょう。

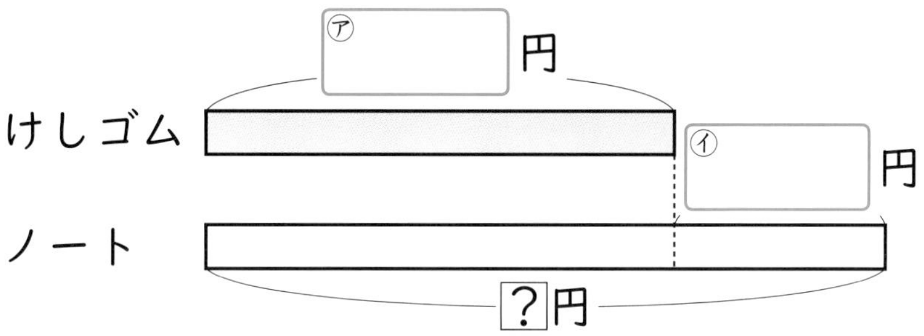

ノートの　ほうが
けしゴムより　高《たか》いから
図も　長《なが》いね。

(2)しきと　答《こた》えを　かきましょう。

しき

答え（　　　　　）

2 ぼく場《じょう》では、春《はる》に　子やぎと　子ひつじが　生まれました。
子やぎは　25ひきで、子やぎは　子ひつじより　8ぴき
少《すく》ないそうです。子ひつじは　何びき　生まれましたか。
図を　かいて　考《かんが》えましょう。

図

しき

答え（　　　　　）

ヒント
2 「子やぎは　子ひつじより　8ぴき　少ない」から、子ひつじの　ほうが　多《おお》い　ことが　わかるね。

38 なんにん①

答え 39ページ

「人や　ものが　いくつ」の　もんだいを　とこう。

人や　ものが　何番《なんばん》目に　ならんで　いるかや
ぜんぶで　いくつかを、図《ず》を　つかって　考《かんが》えます。

1 きゅう食室《しょくしつ》の　前《まえ》に　じどうが　ならんで　います。
ゆうきさんの　前に　4人、後《うし》ろに　6人　います。
ぜんぶで　何人　ならんで　いますか。

図を　みて　考えましょう。

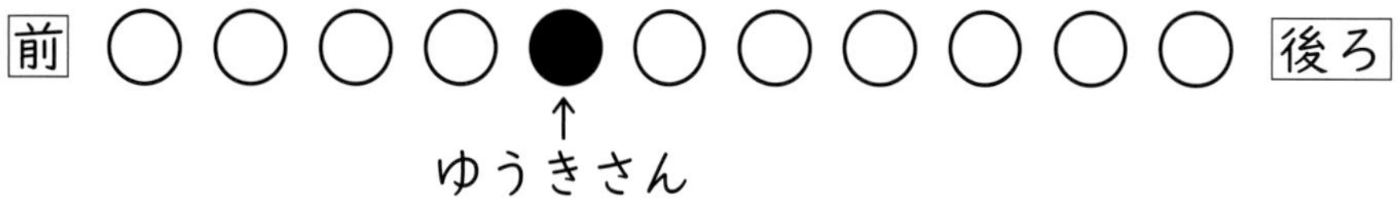
前
後ろ
ゆうきさん

前に　いる　4人と　後ろに　いる　6人と
ゆうきさんの　1人を　たして　①□人。

図を　かいて　考えよう。
ゆうきさんの　分《ぶん》の
1を　たしわすれない
ように　ちゅういしよう。

たし算《ざん》の　しきに　かいて　考えましょう。

しき　②□＋③□＋④□＝⑤□

答え　⑥□人

2 クラスの　女子が、1れつに　ならんで　います。
さくらさんの　前には　8人、後ろには　5人　います。
ぜんぶで　何人　ならんで　いますか。

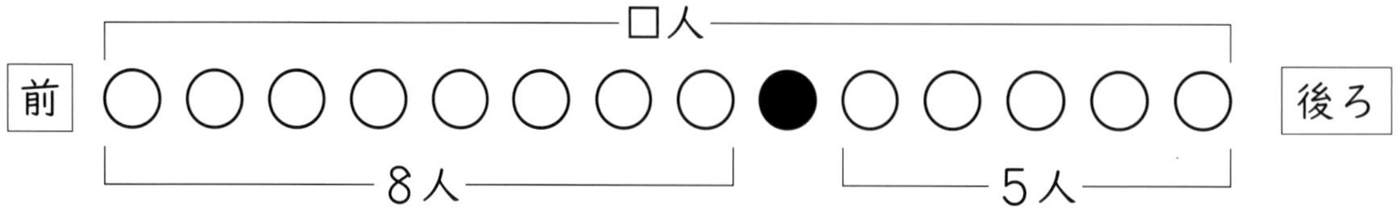
□人
前
後ろ
8人
5人

しき　8＋5＋1＝14

答え（　14人　）

ヒント　2　●の　人を　たすのを　わすれないように　しよう。

ぴったり2 れんしゅう

学習日　月　日

★できた　もんだいには、「た」を　かこう！★

でき ①　でき ②

答え　39ページ

1 どうぶつ園《えん》の　入口で　人が　ならんで　います。
はるきさんの　前《まえ》に　7人、後《うし》ろに　10人　います。
ぜんぶで　何人《なんにん》　ならんで　いますか。

(1)図《ず》を　かいて　考《かんが》えましょう。
はるきさんの　ばしょの　○を　ぬりましょう。

図

(2)しきと　答《こた》えを　かきましょう。

しき

答え（　　　　　）

2 お店《みせ》の　レジの　前で　人が　ならんで　います。
たくみさんの　前には　3人、後ろには　4人　ならんで　います。
ぜんぶで　何人　ならんで　いますか。
図を　かいて　考えましょう。

図

しき

答え（　　　　　）

ヒント　② たくみさんの　分《ぶん》の　1を　たすのを　わすれないように　しよう。

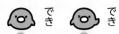

39 なんにん②

答え 40ページ

「人や　ものが　いくつ」の　もんだいを　とこう。

人や　ものが　何番《なんばん》目に　ならんで　いるかや、ぜんぶで　いくつかを、図《ず》を　つかって　考《かんが》えます。

1 えいがかんに　15人が　1れつに　ならんで　います。ともきさんの　前《まえ》には　6人　います。ともきさんの　後《うし》ろには　何人　いますか。

図を　みて　考えましょう。

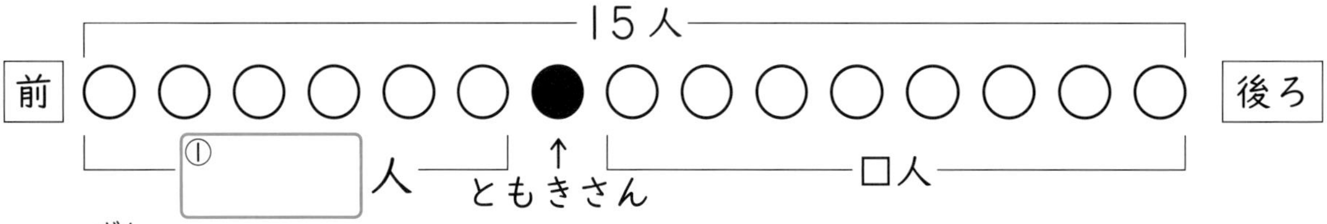

ひき算《ざん》の　しきに　かいて　考えましょう。

しき　15−②□−1=③□

答え　④□人

2 じてん車が　12台《だい》　ならんで　います。そうたさんの　じてん車が　左から　5番目に　あります。この　そうたさんの　じてん車は　右から　数《かぞ》えると　何番目に　なりますか。

図を　みて　考えましょう。

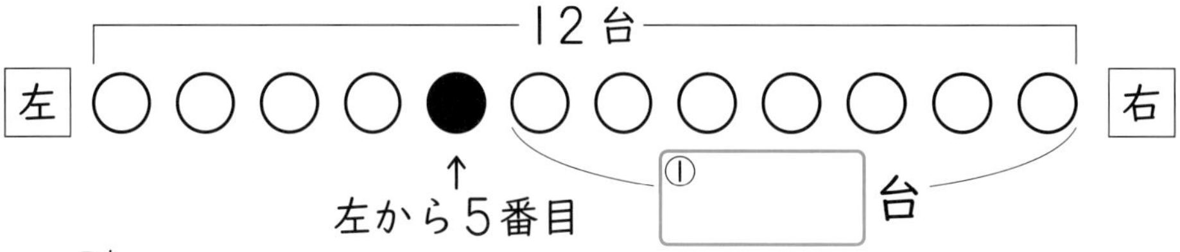

しきと　答《こた》えを　かきましょう。

しき　12−5=②□

③□+1=④□

答え　⑤□番目

ヒント　**2** そうたさんの　じてん車の　右には　7台の　じてん車が　あるよ。

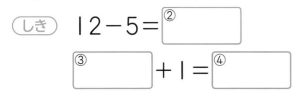

★できた もんだいには、「た」を かこう！★

でき 1　でき 2

答え 40ページ

1 はくぶつかんの 入口で 12人が ならんで います。
ゆいさんの 前《まえ》には 4人 ならんで います。
ゆいさんの 後《うし》ろには 何《なん》人 いますか。

(1)図《ず》を かいて 考《かんが》えましょう。ゆいさんの ばしょの ○を ぬりましょう。

図

(2)しきと 答《こた》えを かきましょう。

しき

答え（　　　　）

2 かべに、絵《え》が 13まい 1れつに ならべて はられて います。
はるなさんの 絵が 右から 3番《ばん》目に あります。
はるなさんの 絵は、左から 数《かぞ》えると 何番目に なりますか。
図を かいて 考えましょう。

図

しき

答え（　　　　）

ヒント **2** ○を かいたあと、はるなさんの 絵の ばしょが わかるように ●で あらわそう。

2年生の　まとめ

1 バスに　26人　のって　います。あとから　7人　のって　きました。ぜんぶで　何《なん》人　のって　いますか。　しき・答え　1つ8点(16点)

しき

答《こた》え(　　　　　)

2 長《なが》さ　20cm7mmの　テープと　13cmの　テープを　あわせると　何cm何mmに　なりますか。　しき・答え　1つ8点(16点)

しき

答え(　　　　　)

3 1L2dLの　ジュースが　入って　いる　ペットボトルが　あります。2dLを　コップに　つぐと、のこりは　どれだけに　なりますか。　しき・答え　1つ8点(16点)

しき

答え(　　　　　)

4 子どもが　6人　います。1人に　4まいずつ　色紙《いろがみ》を　くばるには、色紙は　何まい　ひつようですか。　しき・答え　1つ8点(16点)

しき

答え(　　　　　)

5 はじめに　すずめが　18わ　とまって　います。そこへ　8わ　とんで　来《き》ました。そのあと　5わ　とんで　来ました。すずめは　今《いま》、何わ　いますか。　しき・答え　1つ9点(18点)

しき

答え(　　　　　)

6 色紙を　10まい　もって　います。友《とも》だちに　何まいか　もらったので、ぜんぶで　23まいに　なりました。何まい　もらいましたか。　しき・答え　1つ9点(18点)

しき

答え(　　　　　)

6 12 cm の 長《なが》さの ぼうと 70 mm の 長さの ぼうを ならべます。長さは あわせて どれだけですか。

しき・答え 1つ4点(8点)

しき

答え（　　　　）

7 テーブルの たての 長さは 86 cm 7 mm です。よこの 長さは 63 cm です。たてと よこの 長さの ちがいは どれだけですか。

しき・答え 1つ4点(8点)

しき

答え（　　　　）

8 8Lの お茶《ちゃ》と 60 dLの ジュースが あります。かさは あわせて どれだけですか。

しき・答え 1つ4点(8点)

しき

答え（　　　　）

9 4L7dLの 牛《ぎゅう》にゅうが あります。2L のむと のこりは どれだけですか。

しき・答え 1つ4点(8点)

しき

答え（　　　　）

10 ひとみさんの クラスで すきな 色《いろ》に ついて しらべました。

赤	みどり	青	黄色	黄色	青
黄色	赤	みどり	白	青	黄色
青	みどり	青	みどり	黄色	白
白	黄色	みどり	赤	黄色	赤
青	赤	みどり	黄色	青	黄色

1つ4点(12点)

① 下の ひょうに 人数《にんずう》を かきましょう。

色	赤	青	黄色	みどり	白
人数(人)					

② ●を つかって 下の グラフに かきましょう。

すきな 色 しらべ

赤	青	黄色	みどり	白

③ すきな 人が いちばん 多い 色は 何色ですか。

答え（　　　　）

2年 チャレンジテスト①

月　日
名前

時間 40分　ごうかく70点　／100
答え42ページ

1 計算《けいさん》を　しましょう。　1つ3点(12点)

① $\begin{array}{r} 42 \\ +37 \\ \hline \end{array}$　② $\begin{array}{r} 55 \\ +95 \\ \hline \end{array}$

③ $\begin{array}{r} 49 \\ -14 \\ \hline \end{array}$　④ $\begin{array}{r} 143 \\ -\ 65 \\ \hline \end{array}$

2 今《いま》の　時《じ》こくは　7時
50分《ぶん》です。　1つ4点(8点)

① 30分前《まえ》の　時こくは
何《なん》時何分ですか。

答《こた》え（　　　）

② 40分あとの　時こくは
何時何分ですか。

答え（　　　）

3 はじめに　おり紙《がみ》を　25まい
もって　いました。お姉《ねえ》さんから
18まい　もらうと、ぜんぶで
何まいに　なりますか。　1つ3点(12点)

① つぎの　図《ず》の　□に
あてはまる　数《かず》を　かきましょう。

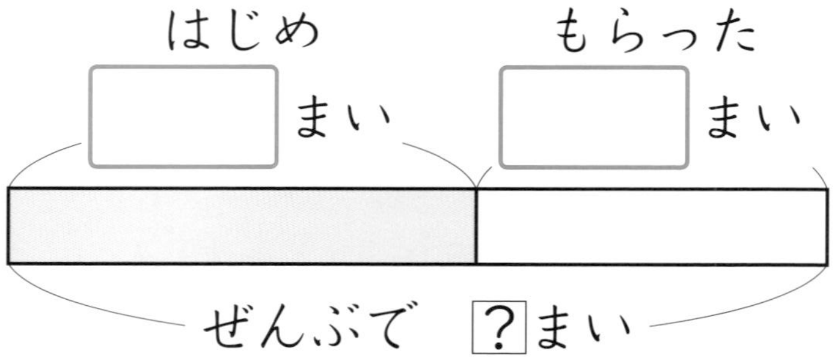
はじめ
まい
もらった
まい
ぜんぶで ?まい

② しき

答え（　　　）

4 電車《でんしゃ》に　52人　のって　います。
えきで　16人　おりました。何人
のこって　いますか。　1つ3点(12点)

① つぎの　図の　□に
あてはまる　数を　かきましょう。

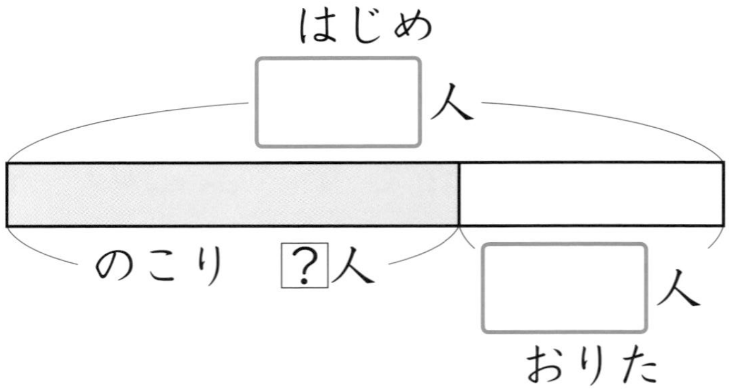
はじめ
人
のこり ?人
人
おりた

② しき

答え（　　　）

5 はこの　中に　赤い　ボールが
74こ、白い　ボールが　59こ
入って　います。どちらの　ほうが
何こ　多《おお》く　入って　いますか。
1つ3点(12点)

① つぎの　図の　□に
あてはまる　数を　かきましょう。

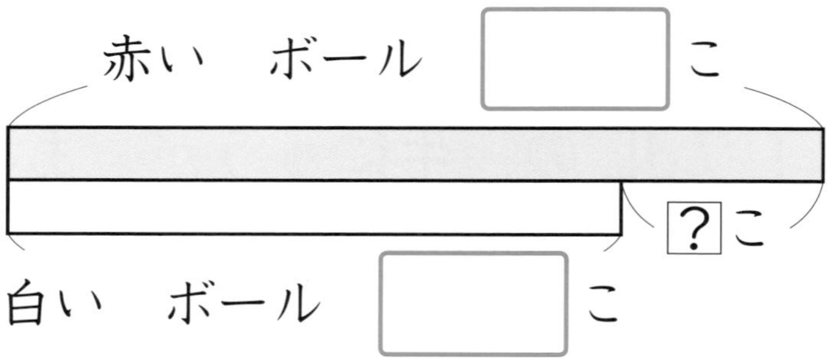
赤い　ボール
こ
?こ
白い　ボール
こ

② しき

答え（　　　）

うらにも　もんだいが　あります。

8 ちゅう車《しゃ》場《じょう》に　車が　45台《だい》　とまって　います。何台か　来《き》たので、車は　61台に　なりました。何台来ましたか。

しき・答え 1つ3点(6点)

しき

答え（　　　　）

9 はるとさんは　買《か》いものに　行《い》きました。35円の　おかしを　買ったら　のこりが　88円に　なりました。はるとさんは　はじめ　何円もっていましたか。

しき・答え 1つ3点(6点)

しき

答え（　　　　）

10 公園《こうえん》に　子どもが　67人　います。26人が　来て、さらに　15人が来ました。子どもは　何人に　なりましたか。

しき・答え 1つ3点(6点)

しき

答え（　　　　）

11 まおさんは　シールを　47まいもっています。お兄《にい》さんから　21まい　もらい、お姉《ねえ》さんから　8まい　もらいました。シールは　何まいに　なりましたか。

しき・答え 1つ3点(6点)

しき

答え（　　　　）

12 ゆいさんと　お姉さんは　おり紙《がみ》をもらいました。お姉さんは　34まい　もらいました。お姉さんは　ゆいさんより　7まい　多く　もらったそうです。ゆいさんは　何まいもらいましたか。

しき・答え 1つ3点(6点)

しき

答え（　　　　）

13 えんぴつと　ボールペンを　買います。えんぴつは　ボールペンより35円　やすいです。えんぴつは95円です。ボールペンは　何円ですか。

しき・答え 1つ3点(6点)

しき

答え（　　　　）

14 あきらさんの　前《まえ》に　6人、後《うし》ろに7人　ならんで　います。ならんでいる　人は　ぜんぶで　何人ですか。

しき・答え 1つ4点(8点)

しき

答え（　　　　）

15 18人が　1れつに　ならんで　います。みさきさんの　前には　9人ならんで　います。みさきさんの後ろには　何人　ならんで　いますか。

しき・答え 1つ4点(8点)

しき

答え（　　　　）

2年 チャレンジテスト②

月　日
名前

時間 40分

ごうかく70点　／100

答え44ページ

1 計算《けいさん》を　しましょう。　1つ2点(12点)

① $\begin{array}{r} 78 \\ +29 \\ \hline \end{array}$

② $\begin{array}{r} 126 \\ -\ \ 47 \\ \hline \end{array}$

③ $\begin{array}{r} 49 \\ 32 \\ +59 \\ \hline \end{array}$

④ $6 \times 7 =$ □

⑤ $4 \times 9 =$ □

⑥ $8 \times 5 =$ □

2 1はこに　クッキーが　6まいずつ　入っています。5はこでは、クッキーは　何《なん》まい　ありますか。
しき・答え 1つ3点(6点)

しき

答《こた》え（　　　　）

3 1人に　5本ずつ　えんぴつを　くばります。8人に　くばると、えんぴつは　何本　いりますか。
しき・答え 1つ3点(6点)

しき

答え（　　　　）

4 算数《さんすう》の　もんだいを　ときます。月曜日《ようび》から　金曜日までは　1日に　7もんずつ　ときました。土曜日は　13もん　ときました。ぜんぶで　何もん　ときましたか。
しき・答え 1つ3点(6点)

しき

答え（　　　　）

5 1ふくろ　6こ入りの　チョコレートが　9ふくろ　あります。そのうち　15こを　たべました。のこりは　何こですか。
しき・答え 1つ3点(6点)

しき

答え（　　　　）

6 2本の　テープが　あります。赤いテープの　長《なが》さは　45cm5mm、青い　テープの　長さは　31cmです。2本の　テープを　あわせると　長さは　どれだけですか。
しき・答え 1つ3点(6点)

しき

答え（　　　　）

7 12cm6mmの　紙《かみ》テープが　あります。ここから、6mmを　切《き》りとりました。のこりの　長さは　どれだけですか。
しき・答え 1つ3点(6点)

しき

答え（　　　　）

➡うらにも　もんだいが　あります。

教科書ぴったりトレーニング

丸つけラクラクかいとう

全教科書版
文章題２年

この「丸つけラクラクかいとう」は
とりはずしておつかいください。

「丸つけラクラクかいとう」ではもんだいと同《おな》じしめんに、赤字《あかじ》で答《こた》えを書《か》いています。

①もんだいがとけたら、まずは答《こた》え合《あ》わせをしましょう。

②まちがえたもんだいやわからなかったもんだいは、てびきを読《よ》んだり、教科書《きょうかしょ》を読《よ》みかえしたりしてもういちど見直《みなお》しましょう。

おうちのかたへ では、次のようなものを示しています。

- 学習のねらいやポイント
- 学習内容のつながり
- まちがいやすいことやつまずきやすいところ

お子様への説明や、学習内容の把握などにご活用ください。

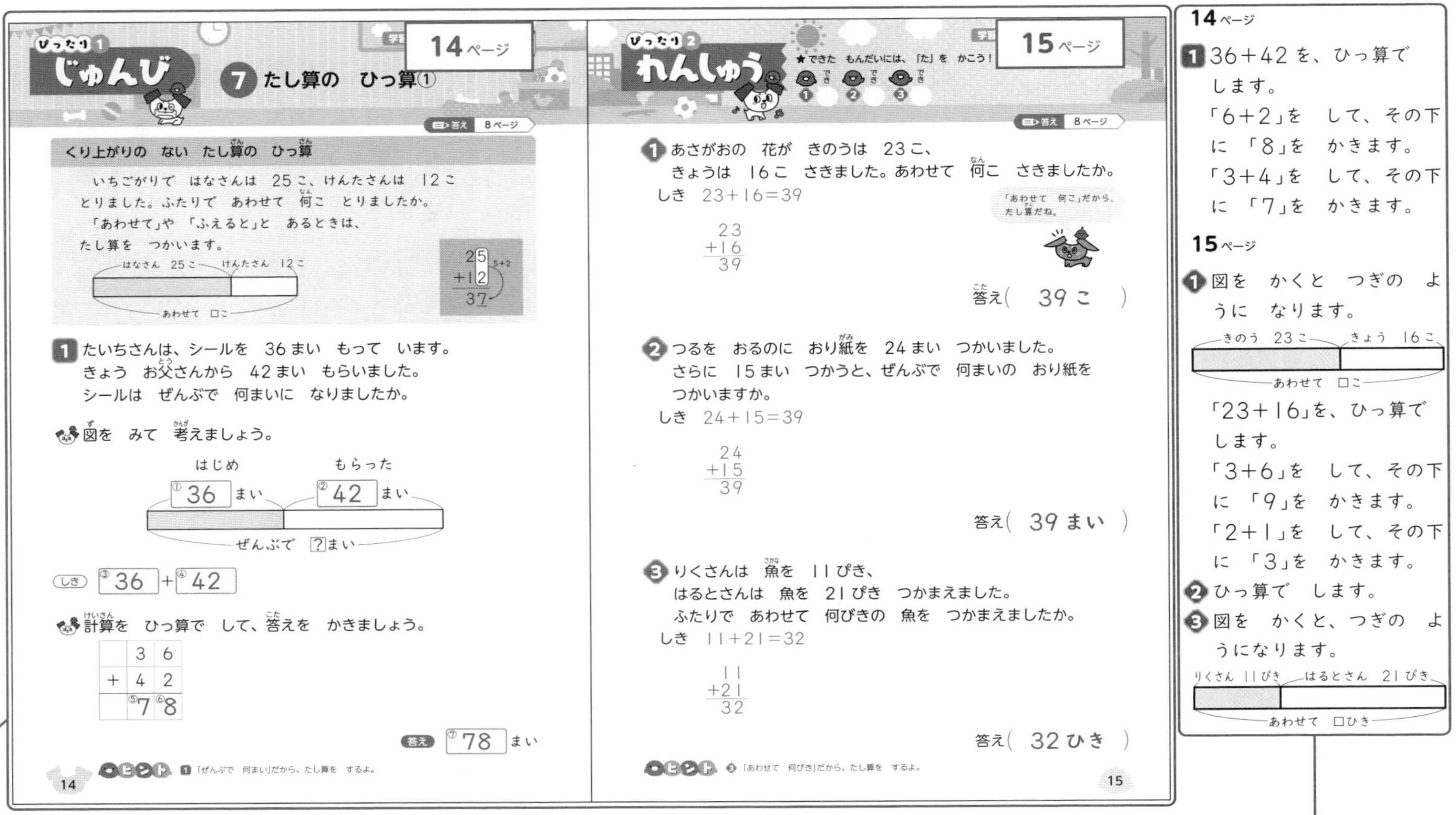
ぴったり1 じゅんび　⑦ たし算の　ひっ算①　14ページ

くり上がりの　ない　たし算《ざん》の　ひっ算《さん》

いちごがりで　はなさんは　25こ、けんたさんは　12こ　とりました。ふたりで　あわせて　何《なん》こ　とりましたか。
「あわせて」や　「ふえると」と　あるときは、たし算を　つかいます。

1 たいちさんは、シールを　36まい　もって　います。きょう　お父《とう》さんから　42まい　もらいました。シールは　ぜんぶで　何まいに　なりましたか。

図《ず》を　みて　考《かんが》えましょう。

はじめ ①36まい　もらった ②42まい　ぜんぶで ?まい

しき ③36＋④42

計算《けいさん》を　ひっ算で　して、答《こた》えを　かきましょう。

	3	6
+	4	2
	⑤7	⑥8

答え ⑦78まい

ヒント 1「ぜんぶで　何まい」だから、たし算を　するよ。

ぴったり2 れんしゅう　15ページ

1 あさがおの　花が　きのうは　23こ、きょうは　16こ　さきました。あわせて　何《なん》こ　さきましたか。
しき　23＋16＝39
答え（ 39こ ）

2 つるを　おるのに　おり紙《がみ》を　24まい　つかいました。さらに　15まい　つかうと、ぜんぶで　何まいの　おり紙を　つかいますか。
しき　24＋15＝39
答え（ 39まい ）

3 りくさんは　魚《さかな》を　11ぴき、はるとさんは　魚を　21ぴき　つかまえました。ふたりで　あわせて　何びきの　魚を　つかまえましたか。
しき　11＋21＝32
答え（ 32ひき ）

14ページ
1 36＋42を、ひっ算で　します。「6＋2」を　して、その下に　「8」を　かきます。「3＋4」を　して、その下に　「7」を　かきます。
15ページ
1 図を　かくと　つぎの　ように　なります。
2 「23＋16」を、ひっ算で　します。「3＋6」を　して、その下に　「9」を　かきます。「2＋1」を　して、その下に　「3」を　かきます。
2 ひっ算で　します。
3 図を　かくと、つぎの　ようになります。

おうちのかたへ
筆算は、位を揃えることが大切です。それぞれの2桁の数の十の位、一の位の数字を確かめて、それぞれが縦に並ぶように書くことを意識させましょう。筆算の答えも、位をそろえて、すぐその下に書くようにします。

8

見やすい答え

おうちのかたへ

くわしいてびき

※紙面はイメージです。

ぴったり1 じゅんび

1 ひょうと グラフ

学習 2ページ

答え 2ページ

ひょうや グラフの かき方《かた》

ひょうや グラフに あらわすと、
しらべた ものの 数《かず》が よく わかります。
グラフに かく ときは、●や ○を つかいます。
└しらべた ものの 数が ないときは ひょう→0 グラフ→かかない

1 まりさんの はんで すんで いる 町しらべを しました。
西《にし》町に すんで いる 人が 3人、東《ひがし》町に すんで いる 人が 2人、北《きた》町に すんで いる 人が 1人、南《みなみ》町に すんで いる 人は 0人でした。
すんで いる 人の 数が よく わかるように、右下の グラフに あらわしましょう。

下の ひょうに 人数《にんずう》を かきましょう。

すんで いる 町	西町	東町	北町	南町
人 数（人）	① 3	② 2	③ 1	④ 0

グラフに ●を かいて あらわします。●を いくつ かけば よいか 考《かんが》えましょう。

西町に ●を ⑤ 3 つ かく。
東町に ●を ⑥ 2 つ かく。
北町に ●を ⑦ 1 つ かく。
南町には なにも かかない。

南町は 0人 だから なにも かかないよ。

すんで いる 町しらべ

●			
●	●		
●	●	●	
西町	東町	北町	南町

ヒント グラフでは、1つの ●が 1つ(1人)を あらわすよ。

ぴったり2 れんしゅう

★できた もんだいには、「た」を かこう！ でき 1

学習 3ページ

答え 2ページ

1 しょうたさんの クラスでは すきな くだものの 絵《え》を かいて 黒《こく》ばんに はりました。
すきな くだものしらべを しましょう。

(1)下の ひょうに 人数《にんずう》を かきましょう。

くだもの	りんご	みかん	バナナ	いちご	ぶどう
人 数（人）	3	5	3	6	4

上の絵に 1つずつ しるしを つけながら 数《かず》を かこう。

(2)●を つかって、右の グラフに かきましょう。

すきな くだものしらべ

			●	
	●		●	
	●		●	●
●	●	●	●	●
●	●	●	●	●
●	●	●	●	●
りんご	みかん	バナナ	いちご	ぶどう

(3)すきな 人が いちばん 多《おお》い くだものは 何《なん》ですか。

答《こた》え(いちご)

ヒント 1 (3) ひょうや グラフを みて 答えよう。

2ページ

1 どの町が 何《なん》人かを たしかめながら、ひょうに 数を かきましょう。
グラフは、下から 上に、それぞれの 町の 人数だけ ●を かいていきます。

3ページ

1 (1)数えまちがえないように絵に しるしを つけながら 数を かいて いきましょう。
(2)(1)の ひょうに かいた 数と、グラフの ●の 数が 同じに なるように、グラフを かいていきます。
(3)グラフの ●の 数が いちばん 多い 「いちご」を えらびます。ひょうの 数の いちばん 大きい 「いちご」を えらぶ 考《かん》え方でも よいです。

おうちのかたへ
いろいろな問題の答えを考えながら、表やグラフの見方に少しずつ慣れていくことがよいでしょう。グラフに何もかかないと「0」を表すことを確かめておきましょう。

ぴったり1 じゅんび

2 時こくと 時間

答え 3ページ

時間《じかん》を もとめる

時計《とけい》の はりが どれだけ うごいたかを 考《かんが》えます。

時こくを もとめる

時計が さして いる 時こくから、前《まえ》か 後《あと》かを 考えます。
正午《しょうご》より 前を 午前《ごぜん》、後を 午後《ごご》と いいます。

1 たくやさんが おきてから 家《いえ》を 出るまでの ようすを しらべました。おきてから 家を 出るまでの 時間は 何分《なんぷん》ですか。

長《なが》い はりが どれだけ うごいたか 考えましょう。

長い はりは ①45 目もり うごきました。

時間を 答《こた》えましょう。

長い はりが 1目もり うごく 時間が 1分だよ。

答え ②45 分

2 あおいさんは 7時50分に 家を 出ます。
学校まで 30分かかります。
学校に つく 時こくは 何時何分ですか。

長い はりが どれだけ うごくか 考えましょう。

30分で 長い はりは ①30 目もり うごきます。

時こくを 答えましょう。

答え ②8 時 ③20 分

ヒント 2 みじかい はりは 8と 9の 間《あいだ》に くるよ。

ぴったり2 れんしゅう

★できた もんだいには、「た」を かこう！ ① ② ③

答え 3ページ

1 さくらさんは 午前《ごぜん》10時に 家《いえ》を 出て、午後《ごご》2時に 家に 帰《かえ》って きました。出かけて いた 時間《じかん》は 何《なん》時間ですか。

午前10時から 正午《しょうご》までと 正午から 午後2時までに 分《わ》けて 考《かんが》えよう。

答《こた》え（ 4時間 ）

2 今《いま》の 時こくは、10時40分《ぷん》です。

(1)30分後《あと》の 時こくは、何時何分ですか。

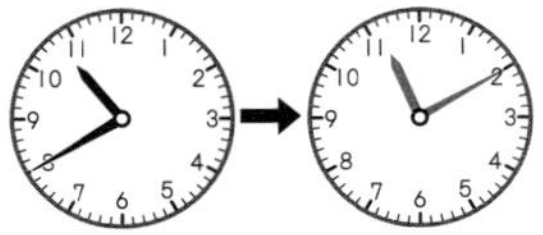

答え（11時10分）

(2)1時間前《まえ》の 時こくは、何時何分ですか。

長《なが》い はりが ひとまわりする 時間が 1時間だから ひとまわり もどすと 考えて…

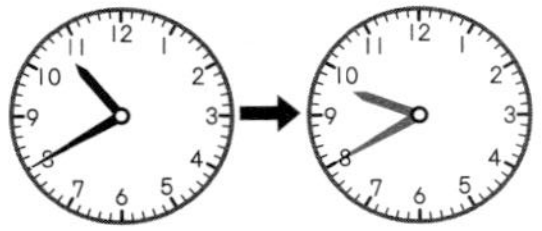

答え（9時40分）

3 午前11時から 4時間後の 時こくを かきましょう。

答え（ 午後3時 ）

ヒント 3 午前から 午後に またがる 時間は 正午までの 時間と 正午からの 時間に 分けて 考えよう。

おうちのかたへ

まず、アナログ時計の時刻の読み方、目盛りの考え方が理解できているかを確かめます。小さい1目盛りが1分で、長い針がひとまわりすると1時間であることを確認しましょう。午前、正午、午後については、普段の生活の中で意識して使っていくうちに、しぜんに理解が深まるようになるとよいでしょう。

4ページ

1 おきた 時《じ》こくは 7時15分、家を 出た 時こくは 8時です。

2 長《なが》い はりは、1分で 1目もり うごきます。
30分では 30目もり うごきます。

5ページ

1 長い はりが ひとまわりで 1時間《かん》です。午前《ごぜん》10時から 午後《ごご》2時までに、長い はりが 4回 まわるので、4時間と 考えても よいです。

2 長い はりが ひとまわりする 時間が 1時間です。長い はりが ひとまわりの 半分では 30分です。

3 午前11時から 4時間すすむと、みじかい はりは 3の いちに きます。

6ページ

3 図を　つかって　考えよう①

答え　4ページ

「あわせて　いくつ」の　図《ず》の　かき方《かた》

かごの　中に　りんごが　7こ、みかんが　10こ　あります。
あわせて　何《なん》こ　ありますか。

(図の　かき方)
①りんごが　7こ
②みかんが　10こ
③あわせて　何こ

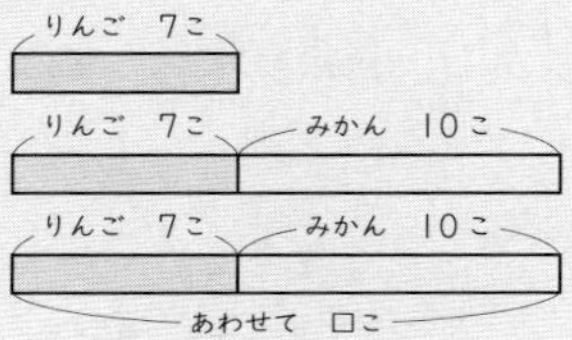
りんご　7こ
りんご　7こ
みかん　10こ
りんご　7こ
みかん　10こ
あわせて　□こ

1 花だんに　赤い　チューリップが　12本、
黄色《きいろ》い　チューリップが　6本　さいて　います。
あわせて　何本の　チューリップが　さいて　いますか。

図を　かいて　考《かんが》えましょう。

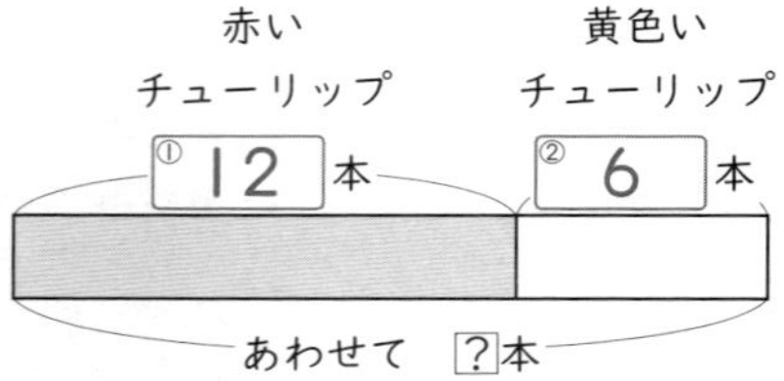
赤い
チューリップ
①12本
黄色い
チューリップ
②6本
あわせて　?本

もんだい文の
じゅんに
図をかこう。

しきと　答《こた》えを　かきましょう。

しき　③12＋④6＝⑤18

答え　⑥18本

ヒント　1 「あわせて」と　あるので、たし算《ざん》の　しきに　なるよ。

7ページ

★できた　もんだいには、「た」を　かこう！
できた 1　できた 2

答え　4ページ

1 公園《こうえん》に　おとなが　9人、子どもが　20人　います。
あわせて　何《なん》人　いますか。図《ず》を　みて　考《かんが》えましょう。

(1)つぎの　図の　□に　あてはまる　数《かず》を　かきましょう。

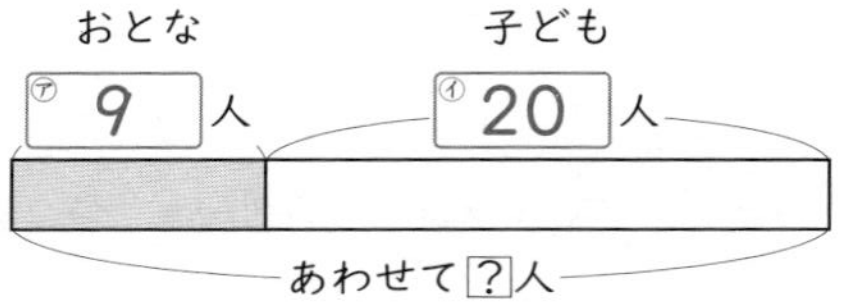
おとな
㋐9人
子ども
㋑20人
あわせて　?人

(2)しきと　答《こた》えを　かきましょう。

しき　9＋20＝29

答え（　29人　）

2 ゆかさんは　きのう　本を　15ページ　読《よ》みました。きょうは
8ページ　読みました。あわせて　何ページ　読みましたか。図を
かいて　考えましょう。

図

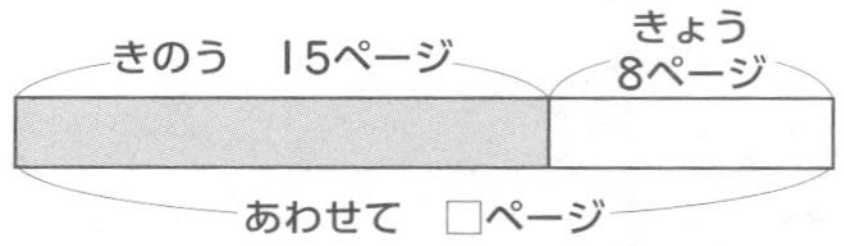
きのう　15ページ
きょう
8ページ
あわせて　□ページ

しき　15＋8＝23

答え（23ページ）

ヒント　2 「あわせて　いくつ」だから、「きのう　読んだ　ページ数《すう》＋きょう　読んだ　ページ数」の　しきに　なるよ。

6ページ

1 「あわせて」と　あるので、たし算です。

7ページ

1 (1)図を　かいて　いきます。おとなが　9人、子どもが　20人　いるので、それぞれの　数を　かきましょう。

(2)「あわせて」と　あるので、たし算です。

2 図を　かいて　いきます。きのうが　15ページ、きょうが　8ページと　あるので、それぞれの　数を　かきましょう。「きのう」の　長《なが》さより、「きょう」の　長さの　ほうが　みじかくなるように　かきます。

おうちのかたへ

問題文を図に表して、その図を使って解き方を考える学習です。「図のかき方」を見ながら、問題文に沿ってどのように図をかいていくのかを、お子様と一緒に確かめてください。問題の図を見るだけでなく、真似して図をかいてみると、より理解が深まるでしょう。

ぴったり1 じゅんび

4 図を　つかって　考えよう②

答え　5ページ

「ふえると　いくつ」の　図《ず》の　かき方《かた》

はじめに　子どもが　13人　いました。あとから　5人　来《く》ると、子どもは　何《なん》人に　なりますか。

(図の　かき方)
①はじめに　13人　いた
②あとから　5人　来る
③ぜんぶで　何人

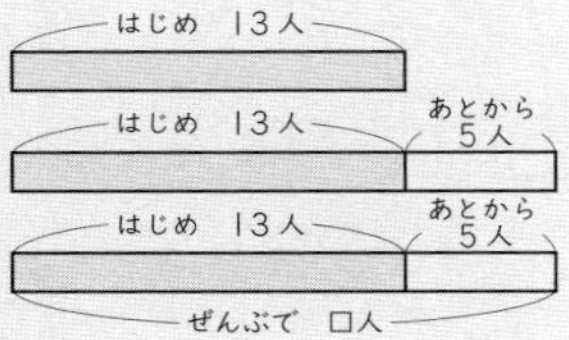

はじめ　13人
はじめ　13人
あとから 5人
はじめ　13人
あとから 5人
ぜんぶで　□人

1 あめを　11こ　もって　います。
お母《かあ》さんから　あめを　9こ　もらうと、
あめは　ぜんぶで　何こに　なりますか。

図を　みて　考《かんが》えましょう。

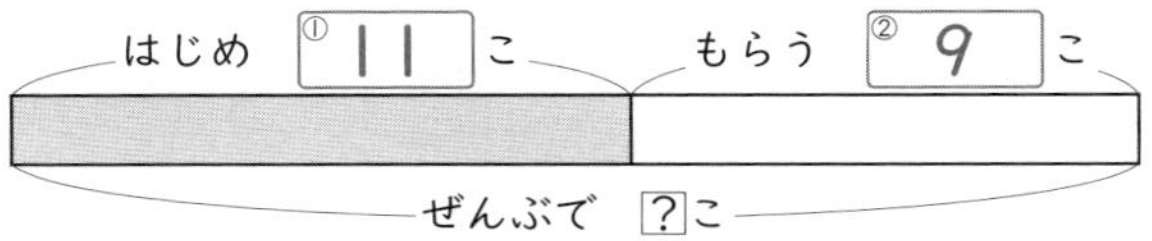

はじめ ① 11 こ
もらう ② 9 こ
ぜんぶで ? こ

しきと　答《こた》えを　かきましょう。

しき　③ 11 + ④ 9 = ⑤ 20

答え　⑥ 20 こ

ヒント　**1** 「ぜんぶで」と　あるので、たし算《ざん》の　しきに　なるよ。

ぴったり2 れんしゅう

★できた　もんだいには、「た」を　かこう！　① ②

答え　5ページ

1 はじめに　はとが　22わ　いました。あとから　7わ　とんで　来《き》ました。はとは　ぜんぶで　何《なん》わに　なりましたか。

(1)つぎの　図《ず》の　□に　あてはまる　数《かず》を　かきましょう。

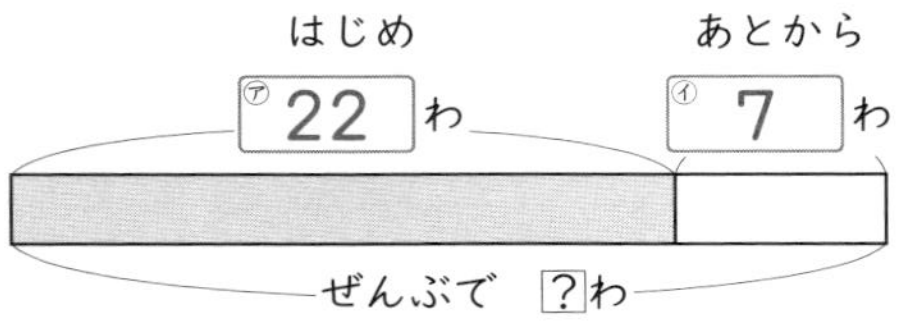

はじめ
㋐ 22 わ
あとから
㋑ 7 わ
ぜんぶで ? わ

はじめの　数と
とんで　来た　数を
たすと、ぜんぶの
数に　なるね。

(2)しきと　答《こた》えを　かきましょう。

しき　22+7=29

答え（　29わ　）

2 電車《でんしゃ》に　35人　のって　いました。つぎの　えきで　9人　のって　きました。ぜんぶで　何人　のって　いますか。
図を　かいて　考《かんが》えましょう。

図

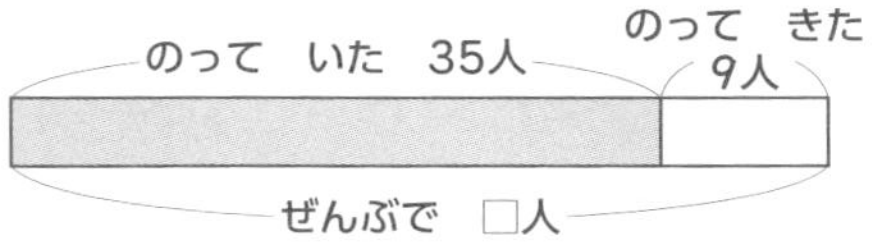

のって　いた　35人
のって　きた
9人
ぜんぶで　□人

しき　35+9=44

答え（　44人　）

ヒント　**2** 9人　のって　きたから、「ふえると　いくつ」の　もんだいだよ。

8ページ

1 「ぜんぶで」と　あるので、たし算です。

9ページ

1 (1)はじめに　何わ　いたか、あとから　何わ　とんで　きて、ぜんぶで　何わに　なったかを　考えます。
(2)あとから　7わ　ふえるので、たし算の　しきに　なります。

2 図は、れいと　同じように　かきましょう。

おうちのかたへ
「増えるといくつ」の場合も、「合わせていくつ」の場合と同じように考えて、図をかいて表すことができます。問題文に出てくる数を順に図に表していきます。図をかくときには、出てくる数の大小と、数を表す横棒の長さとが、大体合っているように意識することが大切です。

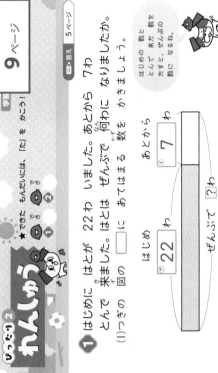

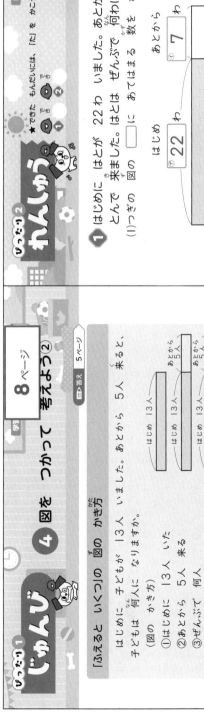

ぴったり1 じゅんび

5 図を　つかって　考えよう③

学習 10ページ

答え 6ページ

「のこりは　いくつ」の　図《ず》の　かき方《かた》

いちごが　26こ　ありました。そのうち　6こを　食《た》べると、のこりは　何《なん》こに　なりますか。

（図の　かき方）
①はじめに　26こ　あった
②6こ　食べた
③のこりは　何こ

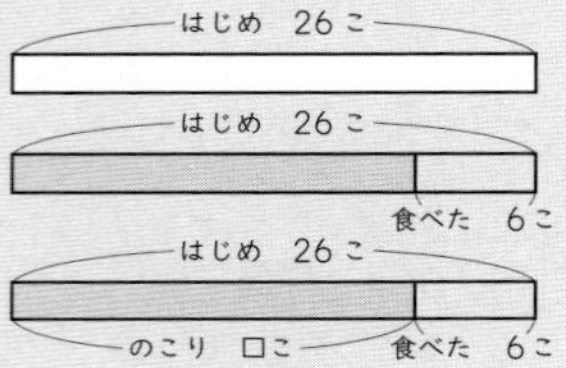

はじめ 26こ
はじめ 26こ
食べた 6こ
はじめ 26こ
のこり □こ
食べた 6こ

1 ちゅう車場《しゃじょう》に　車が　21台《だい》　とまって　います。
そのうち　9台が　出て　いくと、
車は　何台　のこりますか。

図を　みて　考《かんが》えましょう。

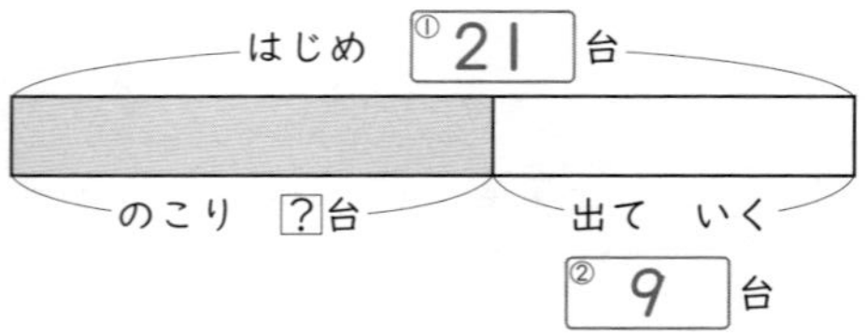

はじめ ①21 台
のこり ?台
出て いく
②9 台

しきと　答《こた》えを　かきましょう。

しき　③21 − ④9 ＝ ⑤12

答え　⑥12 台

ヒント 1 車が　へって　いるので、ひき算《ざん》の　しきに　なるよ。

ぴったり2 れんしゅう

★できた　もんだいには、「た」を　かこう！　でき 1　でき 2

学習 11ページ

答え 6ページ

1 さくらさんの　クラスには　本が　32さつ　あります。
そのうち　5さつ　かしだすと、のこりは　何《なん》さつに　なりますか。

(1)つぎの　図《ず》の　□に　あてはまる　数《かず》を　かきましょう。

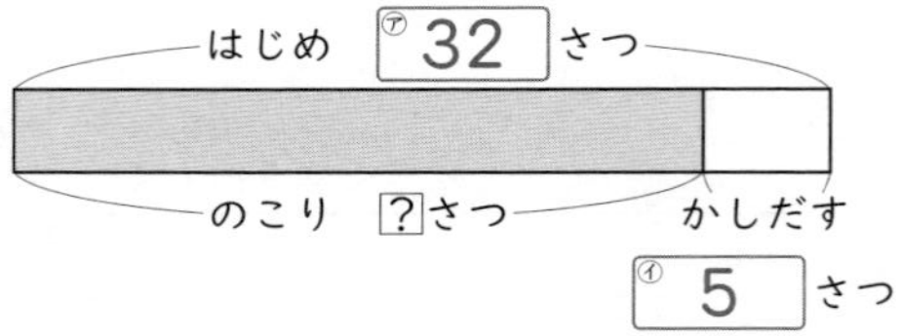

はじめ ㋐32 さつ
のこり ?さつ
かしだす
㋑5 さつ

はじめの　数から
かしだす　数を
ひくと、のこりの
数に　なるね。

(2)しきと　答《こた》えを　かきましょう。
しき　32−5＝27

答え（　27さつ　）

2 池《いけ》に　白鳥《はくちょう》が　40わ　いました。そのうち　7わ
とんで　いきました。白鳥は　池に　何わ　のこって　いますか。
図を　かいて　考《かんが》えましょう。

図

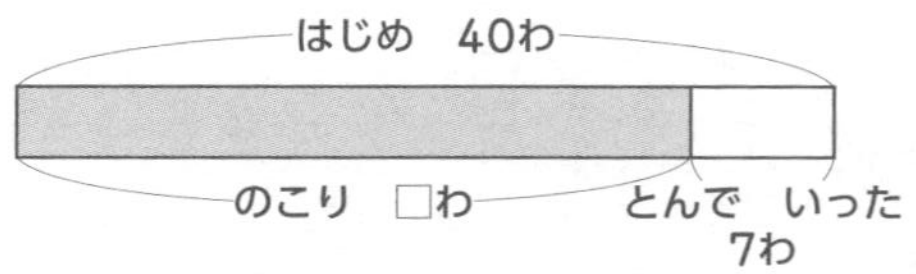

はじめ　40わ
のこり □わ
とんで　いった
7わ

しき　40−7＝33

答え（　33わ　）

ヒント 2 白鳥が　へって　いるので、ひき算《ざん》の　しきに　なるよ。

10ページ

1「のこりは」と　あるので、ひき算です。

11ページ

1 (1)クラスに　あった　32さつの　本から　5さつかしだす　ことを　図で考えましょう。

(2)のこりの　数を　考えるので、ひき算の　しきになります。

2 図は、れいと　同じようにかきましょう。

おうちのかたへ

ひき算の問題文も、図に表して考えていきます。たし算の場合と違い、ひき算は最初に示された数の中に、ひく数の部分が含まれます。P. 10の「図のかき方」を見ながら、たし算での図のかき方との違いを確かめるとよいでしょう。

12ページ

ぴったり1 じゅんび

6 図を　つかって　考えよう④

学習 12ページ

答え 7ページ

「ちがいは　いくつ」の　図《ず》の　かき方《かた》

ゆうとさんは　シールを　12まい、弟《おとうと》は　9まい　もって　います。
どちらが　何《なん》まい　多《おお》く　もって　いますか。

（図の　かき方）
①ゆうとさん　12まい
②弟　9まい
③ちがいは　何まい

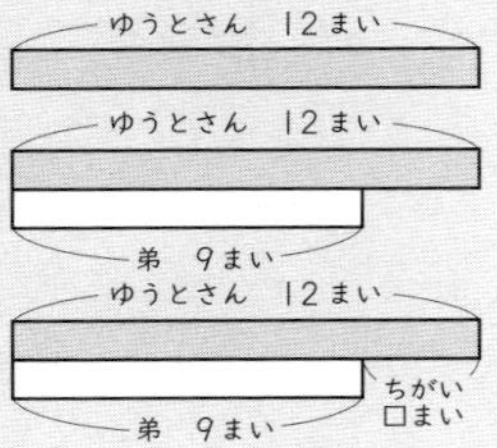

ゆうとさん　12まい
ゆうとさん　12まい
弟　9まい
ゆうとさん　12まい
ちがい
□まい
弟　9まい

1 赤い　花が　15本、白い　花が　8本　さいて　います。
どちらの　ほうが　何本　多いですか。

図を　みて　考《かんが》えましょう。

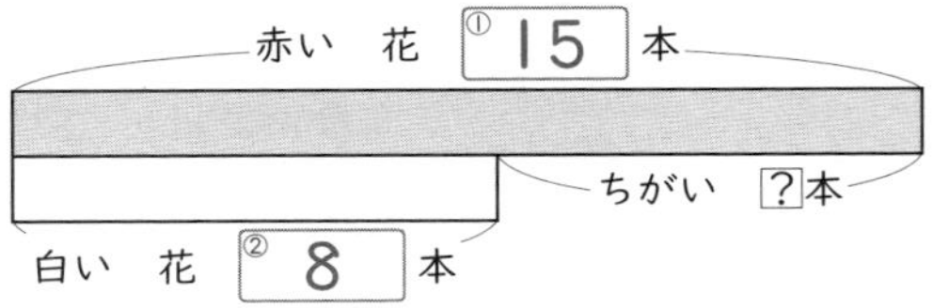

赤い　花　①15　本
ちがい　?本
白い　花　②8　本

しきと　答《こた》えを　かきましょう。

しき　③15 − ④8 = ⑤7

答え　⑥赤い　花の　ほうが　⑦7　本　多い

ヒント　1 ちがいを　答えるから、ひき算《ざん》の　しきに　なるよ。

13ページ

ぴったり2 れんしゅう

★できた　もんだいには、「た」を　かこう！　1　2

学習 13ページ

答え 7ページ

1 あきかんひろいを　しました。そうたさんは　7こ、
りくとさんは　20こ　ひろいました。
どちらの　ほうが　何《なん》こ　多《おお》く　ひろいましたか。

(1)つぎの　図《ず》の　□に　あてはまる　数《かず》を　かきましょう。

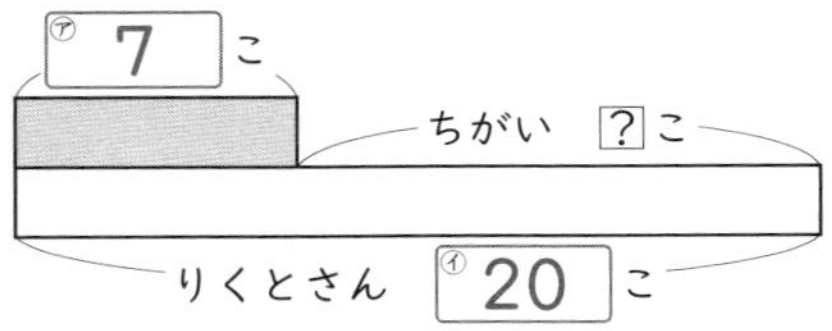

そうたさん
㋐7　こ
ちがい　?こ
りくとさん
㋑20　こ

多いほうの　数から
少《すく》ないほうの　数を
ひくと、ちがいの
数に　なるね。

(2)しきと　答《こた》えを　かきましょう。

しき　20−7=13

答え（りくとさんの　ほうが　13こ　多い）

2 はこの　中に　りんごが　25こ、みかんが　5こ　入って
います。どちらの　ほうが　何こ　多く　入って　いますか。
図を　かいて　考《かんが》えましょう。

図

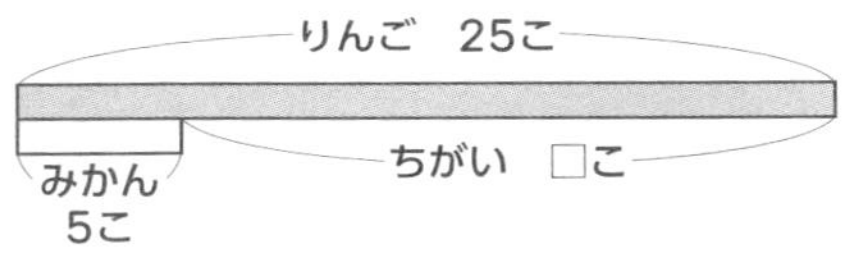

りんご　25こ
ちがい　□こ
みかん
5こ

しき　25−5=20

答え（りんごの　ほうが　20こ　多い）

ヒント　2 ちがいを　答えるから、「ちがいは　いくつ」の　もんだいだよ。

12ページ

1 赤い　花と　白い　花の　本数《ほんすう》の　ちがいを　考える　ので　ひき算の　しきに　なります。

13ページ

1 (1)そうたさんの　ひろった　あきかんと、りくとさん　の　ひろった　あきかん　の　数の　ちがいを　考えます。

(2)数の　ちがいを　考える　ので、ひき算の　しきに　なります。

2 図は、れいと　同じように　かきましょう。

おうちのかたへ

「違いはいくつ」の場合の図は、上下2本の横棒が並ぶ形になります。図をかく際は、必ず左端を揃えてまた、数の大きさに合わせて、横棒の大体の長さを決めてかくことが大切です。上下に横棒を並べてかく際に、必ずしも長い方を上にする必要はありません。問題文に出てくる順に図をかいておく方が、見直したときに確かめやすくなるでしょう。

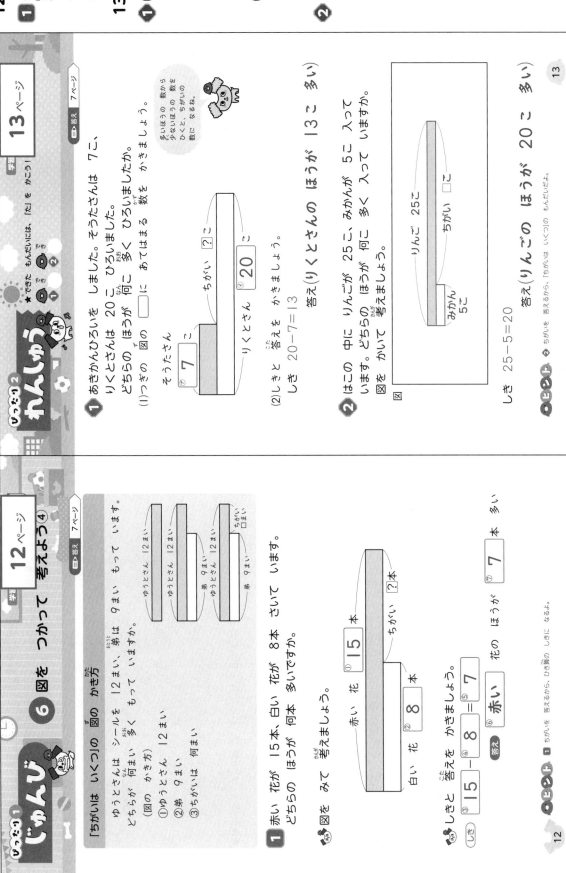

ぴったり1 じゅんび

7 たし算の ひっ算①

学習 14ページ

答え 8ページ

くり上がりの ない たし算《ざん》の ひっ算《さん》

いちごがりで はなさんは 25こ、けんたさんは 12こ とりました。ふたりで あわせて 何《なん》こ とりましたか。

「あわせて」や 「ふえると」と あるときは、たし算を つかいます。

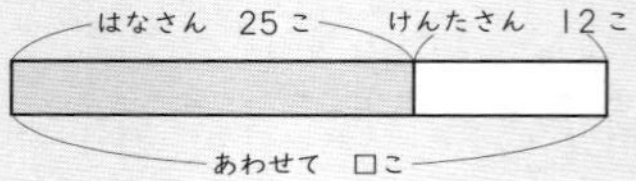

はなさん 25こ
けんたさん 12こ
あわせて □こ

 25
+12
 37
(5+2)

1 たいちさんは、シールを 36まい もって います。
きょう お父《とう》さんから 42まい もらいました。
シールは ぜんぶで 何まいに なりましたか。

図《ず》を みて 考《かんが》えましょう。

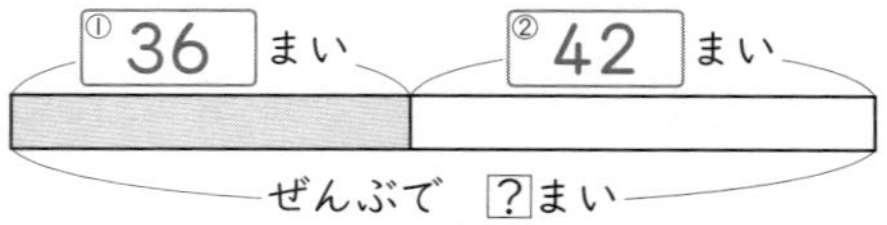

はじめ
①36 まい
もらった
②42 まい
ぜんぶで ?まい

しき ③36 + ④42

計算《けいさん》を ひっ算で して、答《こた》えを かきましょう。

	3	6
+	4	2
	⑤7	⑥8

答え ⑦78 まい

ヒント 1 「ぜんぶで 何まい」だから、たし算を するよ。

ぴったり2 れんしゅう

★できた もんだいには、「た」を かこう！ ①でき ②でき ③でき

学習 15ページ

答え 8ページ

1 あさがおの 花が きのうは 23こ、
きょうは 16こ さきました。あわせて 何《なん》こ さきましたか。

しき 23+16=39

 23
+16
 39

「あわせて 何こ」だから、たし算《ざん》だね。

答《こた》え（ 39こ ）

2 つるを おるのに おり紙《がみ》を 24まい つかいました。
さらに 15まい つかうと、ぜんぶで 何まいの おり紙を つかいますか。

しき 24+15=39

 24
+15
 39

答え（ 39まい ）

3 りくさんは 魚《さかな》を 11ぴき、
はるとさんは 魚を 21ぴき つかまえました。
ふたりで あわせて 何びきの 魚を つかまえましたか。

しき 11+21=32

 11
+21
 32

答え（ 32ひき ）

ヒント 3 「あわせて 何びき」だから、たし算を するよ。

14ページ

1 36+42を、ひっ算でします。
「6+2」を して、その下に 「8」を かきます。
「3+4」を して、その下に 「7」を かきます。

15ページ

1 図を かくと つぎの ようになります。

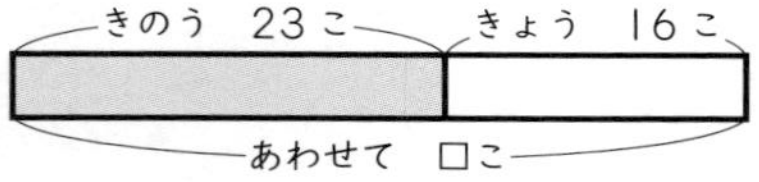

きのう 23こ
きょう 16こ
あわせて □こ

「23+16」を、ひっ算でします。
「3+6」を して、その下に 「9」を かきます。
「2+1」を して、その下に 「3」を かきます。

2 ひっ算で します。

3 図を かくと、つぎの ようになります。

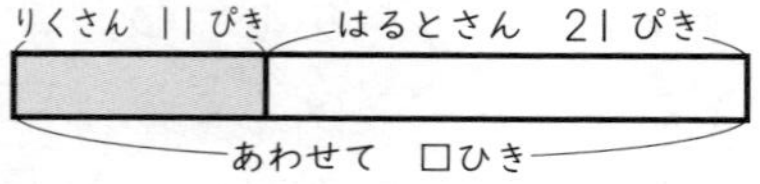

りくさん 11ぴき
はるとさん 21ぴき
あわせて □ひき

おうちのかたへ

筆算は、位を揃えることが大切です。それぞれの2桁の数の十の位、一の位の数字を確かめて、それぞれが縦に並ぶように書くことを意識させましょう。筆算の答えも、位をそろえて、すぐその下に書くようにします。

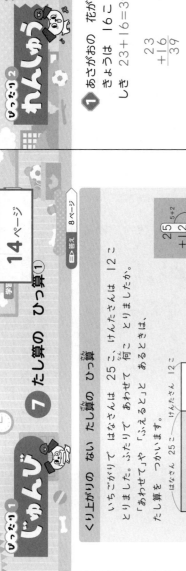

8 たし算の　ひっ算②

答え　9ページ

くり上がりの　ある　たし算《さん》の　ひっ算《さん》

みかんが　37こ　ありました。25こ　もらうと、ぜんぶで　何《なん》こに　なりますか。

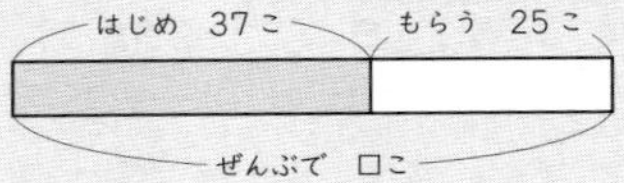

はじめ　37こ
もらう　25こ
ぜんぶで　□こ

$$\begin{array}{r} \overset{1}{3}7 \\ +25 \\ \hline 62 \end{array}$$
7+5
12

1 りょうたさんは、28円の　えんぴつと、47円の　けしゴムを　買《か》いました。あわせて　何円に　なりますか。

図《ず》を　みて　考《かんが》えましょう。

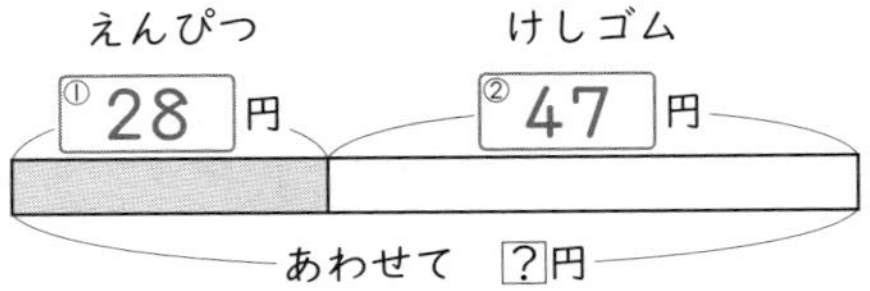

えんぴつ
①28 円
けしゴム
②47 円
あわせて　?円

しき　③28 + ④47

計算《けいさん》を　ひっ算で　して、答《こた》えを　かきましょう。

	2	8
+	4	7
	⑤7	⑥5

答え　⑦75 円

★できた　もんだいには、「た」を　かこう！　1 でき　2 でき　3 でき

答え　9ページ

1 池《いけ》に　かもが　47わ　います。そこに　16わ　とんで　きました。今《いま》、かもは　池に　何《なん》わ　いますか。

しき　47+16=63

$$\begin{array}{r} 47 \\ +16 \\ \hline 63 \end{array}$$

「ふえると　いくつ」だから、たし算《ざん》だね。

答《こた》え（　63わ　）

2 ゆうきさんの　小学校の　2年生は　1組《くみ》が　37人、2組が　36人です。1組と　2組を　あわせて　何人　いますか。

しき　37+36=73

$$\begin{array}{r} 37 \\ +36 \\ \hline 73 \end{array}$$

答え（　73人　）

3 電車《でんしゃ》に　人が　26人　のって　います。つぎの　えきで　8人　のって　きました。今、電車に　何人　のって　いますか。

しき　26+8=34

$$\begin{array}{r} 26 \\ +\ \ 8 \\ \hline 34 \end{array}$$

答え（　34人　）

16ページ

1 28+47を、ひっ算で　します。
「8+7=15」です。
「15」の　「5」を　答えの　一の位に　かき　十のくらいに　くり上がります。

17ページ

1 図を　かくと、つぎの　ように　なります。

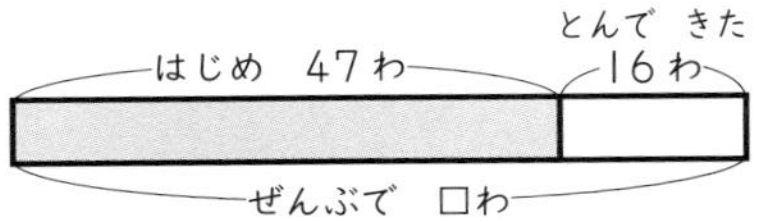

とんで　きた
はじめ　47わ
16わ
ぜんぶで　□わ

2 37+36を　ひっ算で　します。

$$\begin{array}{r} \overset{1}{3}7 \\ +36 \\ \hline 73 \end{array}$$

3 図を　かくと、つぎの　ように　なります。

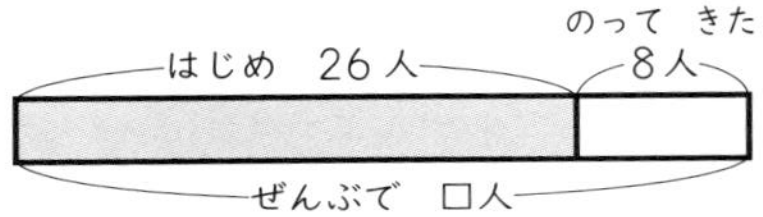

のって　きた
はじめ　26人
8人
ぜんぶで　□人

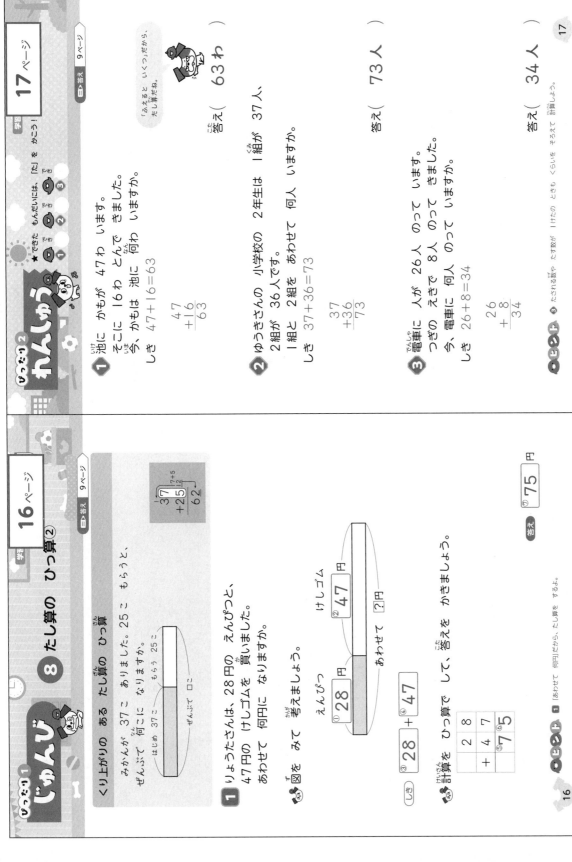

ぴったり1 じゅんび

9 ひき算の　ひっ算①

答え 10ページ

くり下がりの　ない　ひき算《さん》の　ひっ算《さん》

クッキーが　38こ　ありました。24人の　子どもに
1こずつ　くばりました。のこりの　クッキーは　何《なん》こですか。
「のこり」や　「ちがい」を　考《かんが》えるときは、
ひき算を　つかいます。

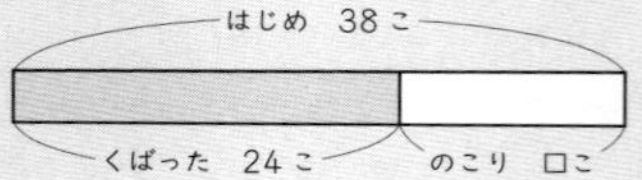
はじめ　38こ
くばった　24こ
のこり　□こ

$$\begin{array}{r} 38 \\ -24 \\ \hline 14 \end{array}$$
8−4

1 おかしを　買《か》いに　行《い》きました。
あめは　1つ　36円で、チョコレートは　1つ　57円です。
どちらの　ほうが　何円　高《たか》いですか。

図《ず》を　みて　考えましょう。

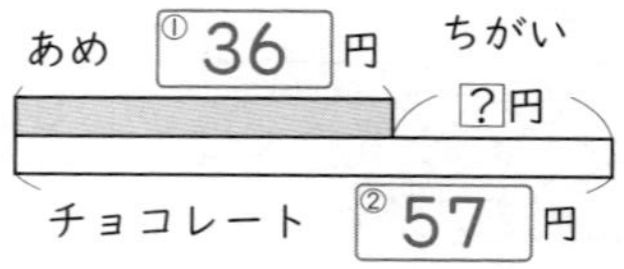
あめ　① 36 円
ちがい
? 円
チョコレート　② 57 円

しき　③ 57 − ④ 36

計算《けいさん》を　ひっ算で　して、答《こた》えを　かきましょう。

	5	7
−	3	6
	⑤2	⑥1

答え　⑦ チョコレート　の　ほうが　⑧ 21　円　高い

ヒント　1 ちがいを　答えるから　ひき算だね。

ぴったり2 れんしゅう

★できた　もんだいには、「た」を　かこう!

答え 10ページ

1 お店《みせ》に　パンが　85こ　おいて　あります。
そのうち、33こ　売《う》れました。のこりの　パンは　何《なん》こですか。

しき　85−33=52

$$\begin{array}{r} 85 \\ -33 \\ \hline 52 \end{array}$$

ひき算《ざん》も　たし算と　同《おな》じように
くらいを　そろえて　計算《けいさん》するよ。

答《こた》え(　52こ　)

2 じゅんさんの　お父《とう》さんの　年れいは　47さい、
お兄《にい》さんの　年れいは　12さいです。
お父さんと　お兄さんの　年れいの　ちがいは　何さいですか。

しき　47−12=35

$$\begin{array}{r} 47 \\ -12 \\ \hline 35 \end{array}$$

答え(　35さい　)

3 69ページある　本を　読《よ》んで　います。
今《いま》、24ページまで　読みました。のこりは　何ページですか。

しき　69−24=45

$$\begin{array}{r} 69 \\ -24 \\ \hline 45 \end{array}$$

答え(　45ページ　)

ヒント　3 のこりを　答えるから　ひき算だね。

18ページ

1 57−36を、ひっ算で
します。
「7−6=1」を　して、その下に　「1」を　かきます。
「5−3」を　して、その下に　「2」を　かきます。

19ページ

1 「85−33」を　ひっ算で　します。

2 「47−12」を　ひっ算で　します。

3 図を　かくと、つぎのようになります。

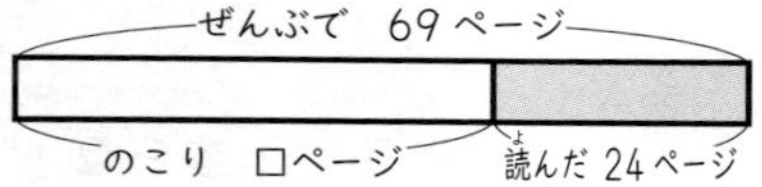
ぜんぶで　69ページ
のこり　□ページ
読《よ》んだ 24ページ

おうちのかたへ
ひき算も、たし算と同じように筆算で計算できます。位を縦に揃えて書き、一の位から順に計算していきます。筆算では、縦に揃えて書いたそれぞれの位の数字を、上から下にひいて計算することを確かめましょう。

ぴったり1 じゅんび

学習 20 ページ

10 ひき算の　ひっ算②

答え 11 ページ

くり下がりの　ある　ひき算《ざん》の　ひっ算《さん》

ジュースが　32 本、お茶《ちゃ》が　14 本　あります。
ジュースは　お茶より　何本《なん》　多《おお》いですか。

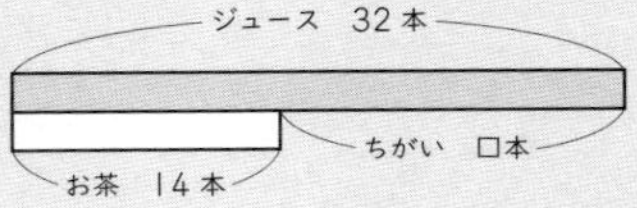

ジュース　32 本
ちがい　□本
お茶　14 本

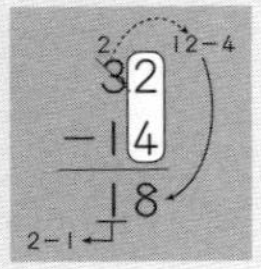

2
12−4
32
−14
18
2−1

1 色紙《いろがみ》が　33 まい　あります。そのうち　17 まい　つかいました。
のこりは　何まいに　なりましたか。

図《ず》を　みて　考《かんが》えましょう。

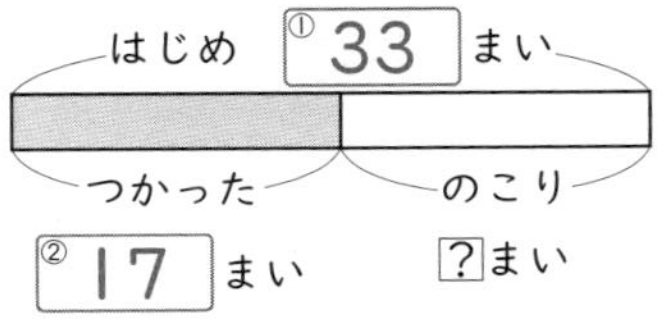

はじめ
① 33
まい
つかった
のこり
② 17
まい
?まい

しき　③ 33 − ④ 17

計算《けいさん》を　ひっ算で　して、答《こた》えを　かきましょう。

	3	3
−	1	7
	⑤ 1	⑥ 6

答え　⑦ 16 まい

ヒント　1 のこりを　答えるから　ひき算だね。

ぴったり2 れんしゅう

★できた　もんだいには、「た」を　かこう！　でき 1　でき 2　でき 3

学習 21 ページ

答え 11 ページ

1 公園《こうえん》に　おとなが　34 人、子どもが　61 人　います。
子どもは　おとなより　何人《なん》　多《おお》いですか。

しき　61−34=27

$$\begin{array}{r} 61 \\ -34 \\ \hline 27 \end{array}$$

子どもの　数《かず》から　おとなの　数を　ひく　ひき算《ざん》を　しよう。

答《こた》え（　27 人　）

2 さらさんは　シールを　42 まい　もって　います。
そのうち、15 まいを　みきさんに　あげました。
のこった　シールは　何まいですか。

しき　42−15=27

$$\begin{array}{r} 42 \\ -15 \\ \hline 27 \end{array}$$

答え（　27 まい　）

3 ショートケーキが　24 こ、チーズケーキが　18 こ　あります。
どちらの　ケーキの　ほうが　何こ　多いですか。

しき　24−18=6

$$\begin{array}{r} 24 \\ -18 \\ \hline 6 \end{array}$$

答え（ショートケーキの　ほうが　6 こ　多い）

ヒント　3 十のくらいの　ひき算の　答えが　0に　なるとき、0は　かかないよ。

20 ページ

1 一のくらいは　「3−7」で　ひけないので、十の　くらいから　くり下げて、「13−7=6」の　「6」を　一のくらいに　かきます。

21 ページ

1 図を　かくと、つぎのようになります。

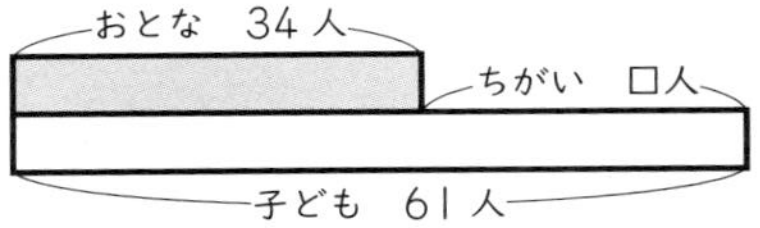

おとな　34 人
ちがい　□人
子ども　61 人

2 「42−15」を　ひっ算で　します。

$$\begin{array}{r} \overset{3}{\cancel{4}}2 \\ -15 \\ \hline 27 \end{array}$$

3 図を　かくと、つぎの　ように　なります。

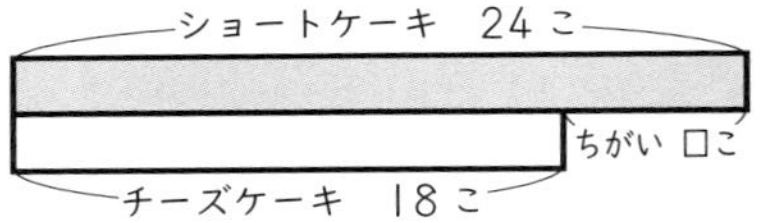

ショートケーキ　24 こ
ちがい　□こ
チーズケーキ　18 こ

おうちのかたへ
筆算に慣れてくると、左側に書く「+」と「−」に対する意識が薄れてくる場合があります。「たし算か、ひき算か」を意識することが大切です。

ぴったり1 じゅんび

11 長さの たし算①

答え 12ページ

長《なが》さの たし算《ざん》

長さの たんいには cm(センチメートル)や mm(ミリメートル)が あります。
1cm＝10mm です。
長さの たし算は 同《おな》じ たんいの ところを たします。
6cm5mm＋3cm＝9cm5mm（同じ たんい）

1 2cmの けしゴムと 5cmの けしゴムを ならべます。長さは あわせて どれだけですか。

2cm　5cm

しきと 答《こた》えを かきましょう。

しき ①2 cm＋②5 cm＝③7 cm

答え ④7 cm

2 5mmの あつさの きょうかしょと 4mmの あつさの ノートを かさねます。あわせた あつさは どれだけですか。

しきと 答えを かきましょう。

しき ①5 mm＋②4 mm＝③9 mm

答え ④9 mm

ヒント 2 同じ たんいの 数《かず》は たし算する ことが できるよ。

ぴったり2 れんしゅう

★できた もんだいには、「た」を かこう！ ①できた ②できた ③できた

答え 12ページ

1 長《なが》さの ちがう 2本の リボンが あります。
長い ほうの リボンの 長さは 50cm5mm、
みじかい ほうの リボンの 長さは 23cm です。
2本の リボンを あわせると 長さは どれだけですか。

しき 50cm5mm＋23cm
＝73cm5mm

同《おな》じ たんいを たし算《ざん》しよう。

答《こた》え（ 73cm5mm ）

2 8mmの 長さの 線《せん》を 引《ひ》きました。
その線に つづけて 3cm2mmの 線を 引きました。
線の 長さは あわせて どれだけですか。

しき 8mm＋3cm2mm＝3cm10mm＝4cm

答え（ 4cm ）

3 50mmの 線を 2cm のばしました。
何《なん》mmに なりましたか。

(1)2cmは 何mmですか。
2cm＝20mm

答え（ 20mm ）

(2)しきと 答えを かきましょう。
しき 50mm＋20mm＝70mm

答え（ 70mm ）

ヒント 3 長さの たし算を するために、たんいを そろえよう。1cmは 10mmだよ。

22ページ

1 長さの たんいが cm(センチメートル)どうしの たし算です。同じ たんいどうしなら、たし算が できます。

2 長さの たんいが mm(ミリメートル)どうしの たし算です。

23ページ

1 cmと mmが まざった 長さの たし算です。同じ たんいどうしで たし算するので、「50cm＋23cm」を 計算します。

2 cmと mmが まざった、長さの たし算です。同じ たんいどうしで たし算するので、「8mm＋2mm」を 計算します。

3 50mmと 2cmでは たんいが ちがうので、2cmを 20mmに なおしてから たし算します。

おうちのかたへ
長さのたし算をするときは、必ず「同じ単位どうしで計算する」ことを意識することが大切です。「cm」や「mm」は、日常生活でよく使われていますので、少しずつ慣れていくようにしましょう。

ぴったり1 じゅんび

⑫ 長さの　ひき算①

答え 13ページ

長《なが》さの　ひき算《さん》

長さの　ひき算は　同《おな》じ　たんいの　ところを　ひきます。

8cm6mm－3cm＝5cm6mm
（同じ　たんい）

1 9cmの　えんぴつと　7cmの　えんぴつが　あります。
9cmの　えんぴつは　7cmの　えんぴつより
どれだけ　長いですか。

しきと　答《こた》えを　かきましょう。

しき ① 9 cm－② 7 cm＝③ 2 cm

答え ④ 2 cm

2 8mmの　糸から　5mm　切《き》りとりました。
のこりの　長さは　どれだけですか。

しきと　答えを　かきましょう。

しき ① 8 mm－② 5 mm＝③ 3 mm

答え ④ 3 mm

ヒント 2 長さの　ちがいは　ひき算を　すると　わかるね。

ぴったり2 れんしゅう

★できた　もんだいには、「た」を　かこう！

❶ でき　❷ でき　❸ でき

答え 13ページ

1 テーブルの　たての　長《なが》さは　52cmです。
よこの　長さは　68cm2mmです。
たてと　よこの　長さの　ちがいは　どれだけですか。
しき　68cm2mm－52cm＝16cm2mm

答《こた》え（　16cm2mm　）

2 13cm8mmの　ひもから　8mmを　切《き》りとりました。
のこりの　長さは　どれだけですか。
しき　13cm8mm－8mm＝13cm

答え（　13cm　）

3 7cmの　直線《ちょくせん》を　30mm　みじかく　しました。
長さは　どれだけですか。
(1)30mmは　何《なん》cmですか。
30mm＝3cm

答え（　3cm　）

(2)しきと　答えを　かきましょう。
しき　7cm－3cm＝4cm

答え（　4cm　）

ヒント 3 長さの　ひき算を　するために、たんいを　そろえよう。10mmは　1cm　だよ。

おうちのかたへ

長さのひき算をするときは、たし算と同様に必ず「同じ単位どうしで計算する」ことを意識させましょう。単位を正確に書くことは大切なポイントです。この先、「m」も出てきます。今のうちから正しく単位を書き、単位の違いが意識できるようにしてあげてください。

24ページ

1 長さの　たんいが　cmどうしの　ひき算　です。同じ　たんい　どうしなら、ひき算が　できます。

2 長さの　たんいが　mmどうしの　ひき算です。

25ページ

1 cmと　mmが　まざった、長さの　ひき算です。同じ　たんい　どうしで　ひき算するので、「68cm－52cm」を　計算します。

2 cmと　mmが　まざった、長さの　ひき算です。同じ　たんい　どうしで　ひき算するので、「8mm－8mm」を　計算します。

3 7cmと　30mmは　たんいが　ちがうので、このままでは　ひき算　できません。30mmを　3cmに　なおしてから　ひき算します。

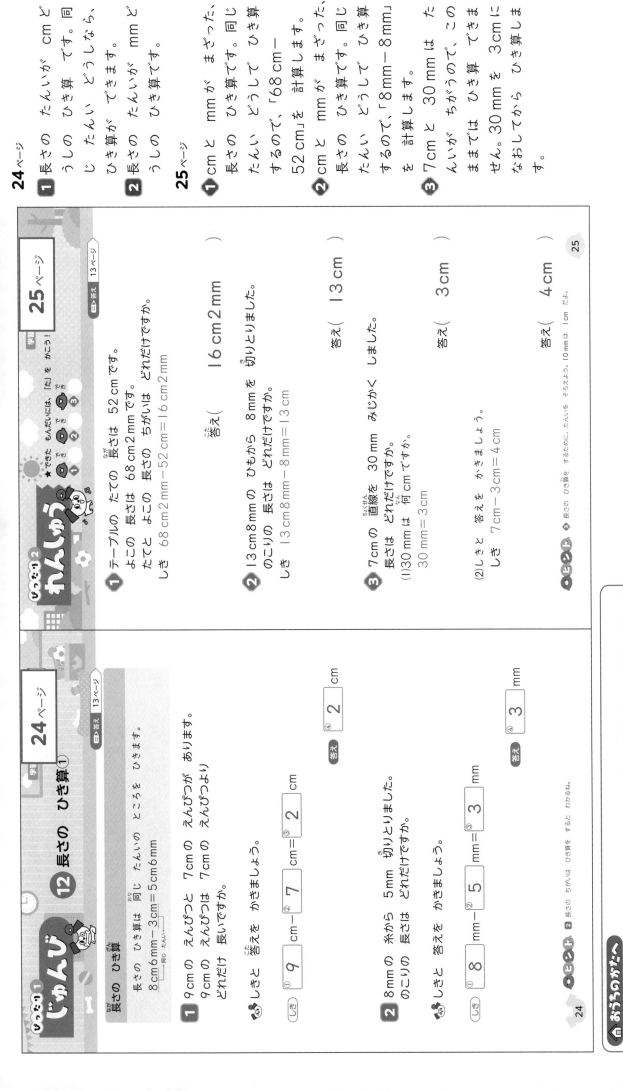

ぴったり1 じゅんび

学習 26ページ

13 かさの　たし算

答え　14ページ

かさの　たし算《さん》

かさの　たんいには　L(リットル)や　dL(デシリットル)が
あります。1L＝10dLです。
かさの　たし算は　同《おな》じ　たんいの　ところを　たします。
4L5dL＋2L3dL＝6L8dL
同じ　たんい

1 2Lの　スポーツドリンクと
1Lの　オレンジジュースが　あります。
かさは　あわせて　どれだけですか。

しきと　答《こた》えを　かきましょう。

しき　①2 L＋②1 L＝③3 L

答え　④3 L

2 1dLの　お茶《ちゃ》と　3dLの　お茶が　あります。
かさは　あわせて　どれだけですか。

しきと　答えを　かきましょう。

しき　①1 dL＋②3 dL＝③4 dL

答え　④4 dL

ヒント　2 同じ　たんいの　数《すう》は　たし算する　ことが　できるよ。

ぴったり2 れんしゅう

★できた　もんだいには、「た」を　かこう！　でき①　でき②　でき③

学習 27ページ

答え　14ページ

1 水とうに　4dLの　水が　入って　います。さらに　1L2dLの
水を　入れたら、かさは　ぜんぶで　どれだけに　なりますか。
しき　4dL＋1L2dL＝1L6dL

答《こた》え(　1L6dL　)

2 おゆが　やかんに　5L、ポットに　2L1dL　入って　います。
かさは　あわせて　どれだけに　なりますか。
しき　5L＋2L1dL＝7L1dL

答え(　7L1dL　)

3 2Lの　コーヒーに　30dLの　牛《ぎゅう》にゅうを　入れて
コーヒー牛にゅうを　作《つく》りました。
できた　コーヒー牛にゅうの　かさは　どれだけですか。
(1)30dLは　何《なん》Lですか。
30dL＝3L

答え(　3L　)

(2)しきと　答えを　かきましょう。
しき　2L＋3L＝5L

答え(　5L　)

ヒント　3 かさの　たし算《さん》を　するために、たんいを　そろえよう。10dLは　1Lだよ。

26ページ

1 かさの　たんいが　L(リットル)どうしの　たし算です。同じ　たんいどうしなら、たし算が　できます。

2 かさの　たんいが　dL(デシリットル)どうしの　たし算です。

27ページ

1 Lと　dLが　まざった　かさの　たし算です。同じ　たんい　どうしで　たし算するので、「4dL＋2dL」を　計算します。

2 Lと　dLが　まざった　かさの　たし算です。同じ　たんいどうしで　たし算するので、「5L＋2L」を　計算します。

3 2Lと　30dLは　たんいが　ちがうので、このままでは　たし算が　できません。30dLを　Lの　たんいに　なおしてから　たし算を　します。

おうちのかたへ

かさのたし算をするときは、長さの計算と同様に、必ず「同じ単位どうしで計算する」ことを意識することが大切です。「L」は、日常生活でよく使われていますので実際にどの位の量になるのか、を捉えられるようにするとよいでしょう。

ぴったり1 じゅんび

14 かさの　ひき算

学習 28ページ

答え 15ページ

かさの　ひき算《ざん》

かさの　ひき算は　同《おな》じ　たんいの　ところを　ひきます。

9L5dL－3L2dL＝6L3dL（同じ　たんい）

1 お茶《ちゃ》が　5dL　あります。そのうち　2dL を　のみました。
あと　何《なん》dL　のこって　いますか。

しきと　答《こた》えを　かきましょう。

しき ①5 dL－②2 dL＝③3 dL

答え ④3 dL

2 水が　バケツに　7L、ペットボトルに　2L　入って　います。
かさの　ちがいは　どれだけですか。

しきと　答えを　かきましょう。

しき ①7 L－②2 L＝③5 L

答え ④5 L

ヒント 2 かさも　同じ　たんいの　数《かず》は　ひき算する　ことが　できるよ。

ぴったり2 れんしゅう

★できた　もんだいには、「た」を　かこう！　1 でき　2 でき　3 でき

学習 29ページ

答え 15ページ

1 5L7dL の　お茶《ちゃ》と、7dL の　ジュースが　あります。
かさの　ちがいは　どれだけですか。
しき　5L7dL－7dL＝5L

答《こた》え（　5L　）

2 4L3dL の　りんごジュースが　あります。
子どもたちに　3L　くばりました。
のこりは　どれだけですか。
しき　4L3dL－3L＝1L3dL

答え（　1L3dL　）

3 50dL の　スポーツドリンクが　あります。
2L のむと、のこりは　どれだけですか。
(1)2L は　何《なん》dL ですか。
2L＝20dL

答え（　20dL　）

(2)しきと　答えを　かきましょう。
しき　50dL－20dL＝30dL

答え（　30dL　）

ヒント 3 かさの　ひき算《ざん》を　するために、たんいを　そろえよう。1L は　10dL だよ。

28ページ

1 かさの　たんいが　dL どうしの　ひき算です。同じたんい　どうしなら、ひき算が　できます。

2 かさの　たんい　L どうしの　ひき算です。

29ページ

1 L と　dL が　まざったかさの　ひき算です。同じたんい　どうしで　ひき算するので、「7dL－7dL」を　計算します。

2 L と　dL が　まざったかさの　ひき算です。同じたんい　どうしで　ひき算するので、「4L－3L」を計算します。

3 50dL と　2L は　たんいが　ちがうので、このままでは　ひき算が　できません。2L を　dL の　たんいに　なおしてから　ひき算します。

おうちのかたへ
かさのひき算をするときは、たし算と同様に、必ず「同じ単位どうしで計算する」ことを意識することが大切です。

⑮ たし算の ひっ算③

答え 16ページ

十のくらいが くり上がる たし算《さん》の ひっ算《さん》

あめが かごに 72こ、ふくろに 54こ 入って います。
あわせて 何《なん》こ ありますか。
「あわせて」や 「ふえると」が あるときは たし算を つかいます。

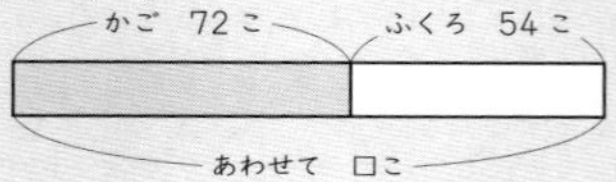
かご 72こ
ふくろ 54こ
あわせて □こ

7+5
  72
+54
 126

1 ゆいさんは ビーズを 68こ もって いました。
きょう お母《かあ》さんから ビーズを 51こ もらいました。
ビーズは ぜんぶで 何こに なりましたか。

図《ず》を みて 考《かんが》えましょう。

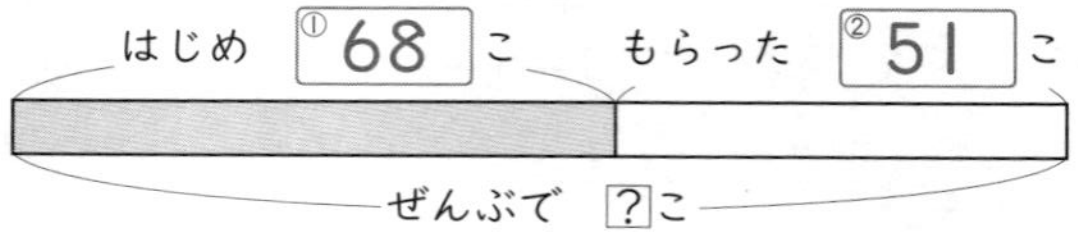
はじめ ①68 こ
もらった ②51 こ
ぜんぶで ?こ

しき ③68 + ④51

計算《けいさん》を ひっ算で して、答《こた》えを かきましょう。

	6	8
+	5	1
⑤1	⑥1	⑦9

答え ⑧119 こ

ヒント 1 「ぜんぶで 何こ」だから、たし算を しよう。

答え 16ページ

1 ななさんの クラスでは、きのう メダルを 74こ 作《つく》りました。
きょうは 61こ 作りました。
メダルは ぜんぶで 何《なん》こ できましたか。
しき 74+61=135

  74
+61
 135

答《こた》え(135こ)

2 ちゅう車場《しゃじょう》に 車が 35台《だい》
とまって います。
あとから 82台 入って きました。
車は ぜんぶで 何台 とまって いますか。

しき 35+82=117

  35
+82
 117

答え(117台)

3 2年生で あきかんひろいを しました。
1組《くみ》は 73こ、2組は 83こ ひろいました。
ひろった あきかんは ぜんぶで 何こですか。
しき 73+83=156

  73
+83
 156

答え(156こ)

ヒント 3 くり上がった 1を わすれないように しよう。

30ページ

1 「68+51」を ひっ算で します。
「8+1=9」を して、「9」を 一のくらいに かきます。
「6+5=11」を して、「11」を 十のくらいと 百の くらいに かきます。

31ページ

1 「74+61」を ひっ算で します。

  ¹
   74
+ 61
 135

2 「35+82」を ひっ算で します。

  ¹
   35
+ 82
 117

3 図を かくと、つぎの ように なります。

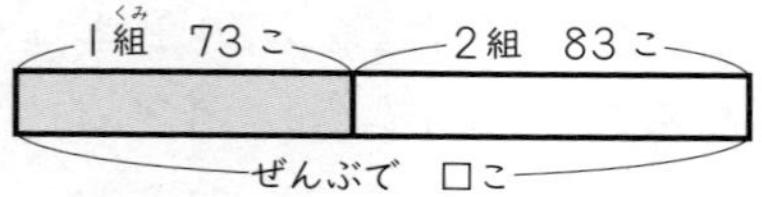
1組《くみ》 73こ
2組 83こ
ぜんぶで □こ

おうちのかたへ
十の位でくり上がりがあるたし算の筆算も一の位でくり上がりがある場合と同じように書きます。十の位でくり上がりがあると、百の位に1くり上げることになります。2桁の数では百の位は「0」と考えて、「1+0+0=1」つまり、くり上げた「1」はそのまま答えの百の位に書きます。

16 たし算の　ひっ算④

答え 17ページ

一のくらいも　十のくらいも　くり上がる　たし算《ざん》の　ひっ算《さん》

子どもが　63人　いました。そこに　89人　来《き》ました。
ぜんぶで　何《なん》人に　なりましたか。

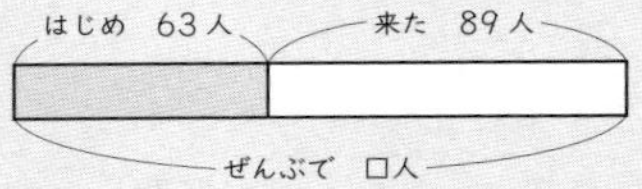

はじめ　63人
来た　89人
ぜんぶで　□人

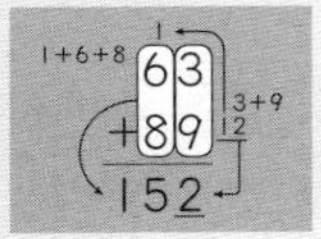

1+6+8
1
63
+89
3+9
12
152

1 87円の　ビスケットと　54円の　チョコレートを　買《か》いました。
あわせて　何円に　なりますか。

図《ず》を　みて　考《かんが》えましょう。

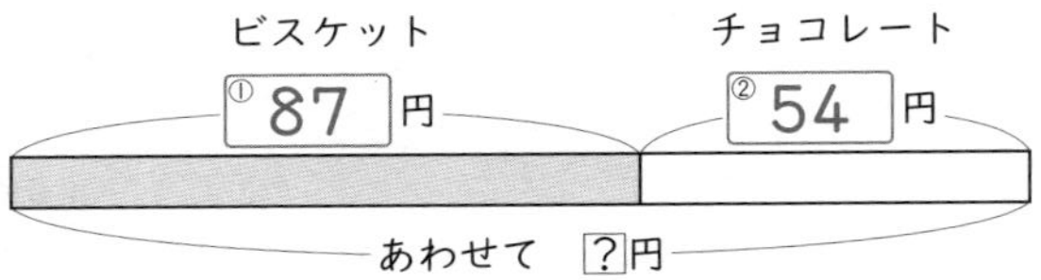

ビスケット
① 87 円
チョコレート
② 54 円
あわせて　?円

しき　③ 87 + ④ 54

計算《けいさん》を　ひっ算で　して、答《こた》えを　かきましょう。

	8	7
+	5	4
⑤ 1	⑥ 4	⑦ 1

答え　⑧ 141 円

ヒント　1 くり上がりの　回数《かいすう》が　ふえても　ひっ算の　しかたは　同《おな》じだよ。

答え 17ページ

「ふえると　いくつ」だから、たし算《ざん》だね。

1 おり紙《がみ》が　75まい　あります。
あとから　45まい　買《か》いたしました。
おり紙は　ぜんぶで　何《なん》まい　ありますか。
しき　75+45=120

```
  75
 +45
 120
```

答《こた》え（ 120まい ）

2 たくとさんは　ゲームで　1回目《かいめ》に　58点《てん》を　とりました。
2回目は　66点でした。あわせて　何点　とりましたか。
しき　58+66=124

```
  58
 +66
 124
```

答え（ 124点 ）

3 パンやさんで　午前《ごぜん》に　メロンパンを　55こ　やき、午後《ごご》に
メロンパンを　47こ　やきました。
この日は　ぜんぶで　何この　メロンパンを　やきましたか。
しき　55+47=102

```
  55
 +47
 102
```

答え（ 102こ ）

ヒント　3 十のくらいの　くり上げた　1を　わすれないように　しよう。

32ページ

1 一のくらいは「7+4=11」です。一のくらいに　1を　書き、十のくらいに　1くり上げます。十のくらいは「1+8+5=14」です。十のくらいに　4を　かき、百のくらいに　1くり上げます。答えの　百のくらいに　そのまま　下ろして　1を　かきます。

33ページ

1「75+45」を　ひっ算で　します。

```
  1 1
    75
 +  45
   120
```

2「58+66」を　ひっ算で　します。

```
  1 1
    58
 +  66
   124
```

3 図を　かくと、つぎの　ようになります。

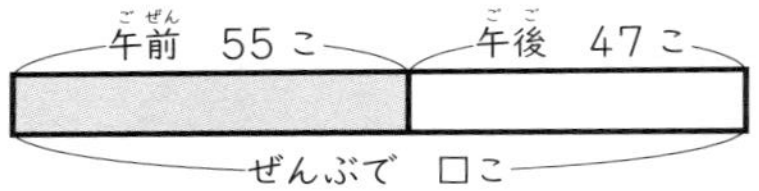

午前《ごぜん》　55こ
午後《ごご》　47こ
ぜんぶで　□こ

おうちのかたへ
一の位、十の位どちらにもくり上がりがあるたし算の筆算でも、筆算のやり方は変わりません。落ち着いて、それぞれの位でくり上がりを計算していくようにさせてください。

17 3つの 数の たし算の ひっ算

答え 18ページ

3つの 数《かず》の たし算《ざん》の ひっ算《さん》

花だんに 赤い 花が 13本、
黄色《きいろ》い 花が 21本、
白い 花が 15本 さいて います。
ぜんぶで 何本《なん》 さいて いますか。

1つの しき
$$\begin{array}{r} 13 \\ 21 \\ +15 \\ \hline 49 \end{array}$$

2だんの ときと 同《おな》じで、
くらいを そろえて たて 3だんに かくと、
1つの ひっ算で もとめる ことが できます。

1 赤い 風《ふう》せんが 22こ、青い 風せんが 17こ、
白い 風せんが 25こ あります。
風せんは ぜんぶで 何こ ありますか。

「ぜんぶで」「あわせて」は、たし算です。
3つの 数でも、2つの 数の ときと 同じように
ひっ算を します。

しき ①22 + ②17 + ③25 = ④64

	2	2
	1	7
+	2	5
	6	4

一のくらいの 計算《けいさん》で
くり上がりが あるね。

答え ⑤64 こ

ヒント 1 たされる 数が ふえても、ひっ算の しかたは 同じだよ。

★できた もんだいには、「た」を かこう！ でき 1 でき 2 でき 3

答え 18ページ

1 お店《みせ》で 34円の クッキーと、26円の ガムと、
48円の チョコレートを 買《か》いました。
あわせて 何円《なん》に なりますか。
しき 34+26+48=108

	3	4
	2	6
+	4	8
1	0	8

「あわせて 何円」だから、
3つの 数《かず》の たし算《ざん》だね。

答《こた》え（ 108円 ）

2 むかし話《ばなし》の 本を おとといは 18ページ、
きのうは 20ページ、きょうは 25ページ 読《よ》みました。
ぜんぶで 何ページ 読みましたか。
しき 18+20+25=63

	1	8
	2	0
+	2	5
	6	3

答え（63ページ）

3 さくらさんは ビーズを 48こ もって いました。
きのう ビーズを 35こ 買いました。
きょう お母《かあ》さんから ビーズを 30こ もらいました。
ビーズは ぜんぶで 何こに なりましたか。
しき 48+35+30=113

	4	8
	3	5
+	3	0
1	1	3

答え（ 113こ ）

ヒント 3 3つの 数の たし算だよ。くり上がった 1を わすれないように しよう。

34ページ

1 一のくらいは「2+7+5
=14」で、十のくらいに
1くり上がります。

35ページ

1 図を かくと、つぎの よ
うに なります。

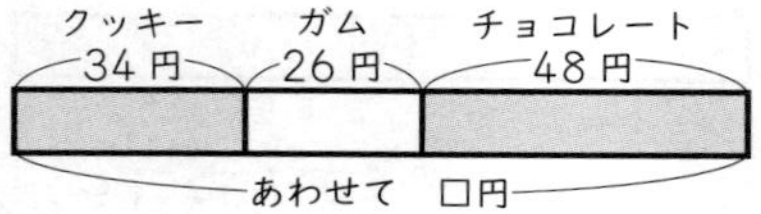

クッキー
34円
ガム
26円
チョコレート
48円
あわせて □円

2「18+20+25」を
ひっ算で します。

$$\begin{array}{r} 18 \\ 20 \\ +25 \\ \hline 63 \end{array}$$

3 図を かくと、つぎの よ
うに なります。

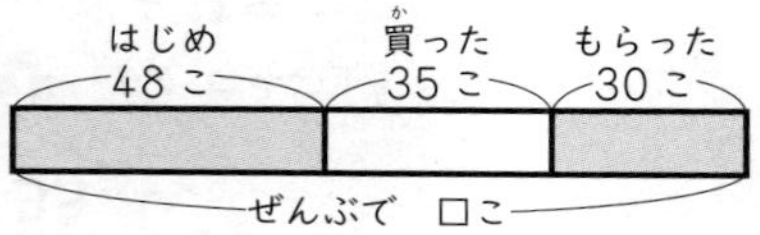

はじめ
48こ
買《か》った
35こ
もらった
30こ
ぜんぶで □こ

おうちのかたへ
3つの数のたし算の筆算は、位を縦にそろえて3段に書き、2つの数のときと同様に、一の位から順にたし算をしていきます。くり上がりも、同じ考え方で計算させます。

ぴったり1 じゅんび

18 ひき算の　ひっ算③

学習 36ページ

答え 19ページ

百のくらいから　くり下がる　ひき算《ざん》の　ひっ算《さん》

137−54を　右のように　たてに　くらいを　そろえて　計算《けいさん》します。

十のくらいが　ひけない　ひっ算は、百のくらいから　くり下げて　計算します。

13−5　137　−54　83

1 しょうさんの　学校の　2年生の　じどう数《すう》は　149人で、そのうち　男子は　71人です。女子は　何《なん》人ですか。

図《ず》を　みて　考《かんが》えましょう。

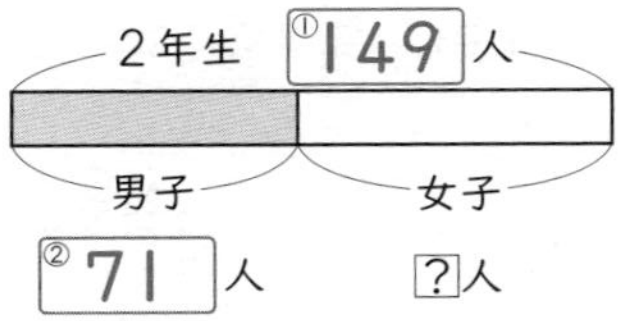
2年生
①149 人
男子
女子
②71 人
?人

しき ③149 − ④71

計算を　ひっ算で　して、答《こた》えを　かきましょう。

	1	4	9
−		7	1
		⑤7	⑥8

一のくらいは　ひき算が　できるけど、十のくらいは　どうかな。

答え ⑦78 人

ヒント 1 十のくらいの　ひき算で　ひけない　ときは、百のくらいから　1くり下げよう。

ぴったり2 れんしゅう

★できた　もんだいには、「た」を　かこう！ でき《き》 1 でき《き》 2 でき《き》 3

学習 37ページ

答え 19ページ

1 ゼリーが　128こ　あります。2年生　33人に　1つずつ　くばると、ゼリーは　何《なん》こ　のこりますか。

しき 128−33=95

	1	2	8
−		3	3
		9	5

「のこりは　いくつ」だから、ひき算《ざん》だね。

答《こた》え（ 95こ ）

2 りくさんは　135円を　もって　買《か》いものに　行《い》きます。お店《みせ》で　1こ　43円の　キャラメルを　買いました。何円　のこって　いますか。

しき 135−43=92

	1	3	5
−		4	3
		9	2

答え（ 92円 ）

3 あやかさんは　117ページの　本を　読《よ》んで　います。今《いま》までに　53ページ　読みました。何ページ　のこって　いますか。

しき 117−53=64

	1	1	7
−		5	3
		6	4

答え（ 64ページ ）

ヒント 3 十のくらいで　ひけない　ときは、百のくらいから　1くり下げよう。

36ページ

1 「149−71」を　ひっ算で　します。十のくらいで　くり下がりが　あります。一のくらいでの　くり下がりと　同じように　考えます。

37ページ

1 「128−33」を　ひっ算で　します。

2 「135−43」を　ひっ算で　します。

3 図を　かくと、つぎの　ように　なります。

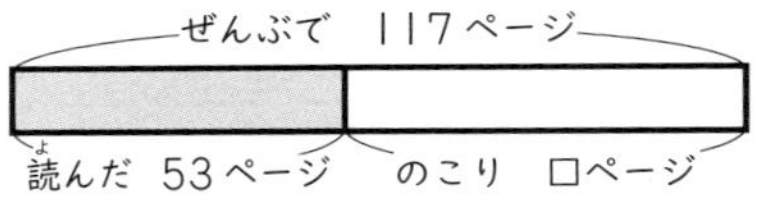
ぜんぶで　117ページ
読《よ》んだ　53ページ
のこり　□ページ

おうちのかたへ

十の位でくり下がりがあるひき算の筆算で、百の位から1くり下げます。百の位は「1」のときは、くり下げると「0」になります。つまり、答えの百の位には何も書かないことになります。

⑲ ひき算の ひっ算④

答え 20ページ

一のくらいも 十のくらいも くり下がる ひき算《ざん》の ひっ算《さん》

145−69 を 右のように たてに くらいを そろえて 計算《けいさん》します。

十のくらいが ひけない ひっ算は、百のくらいから くり下げて 計算します。

	13−6		15−9
	1	4	5
−		6	9
		7	6

1 しおひがりに 行《い》きました。りょうたさんは 貝を 113こ、弟《おとうと》は 85こ とりました。ちがいは 何《なん》こですか。

図《ず》を みて 考《かんが》えましょう。

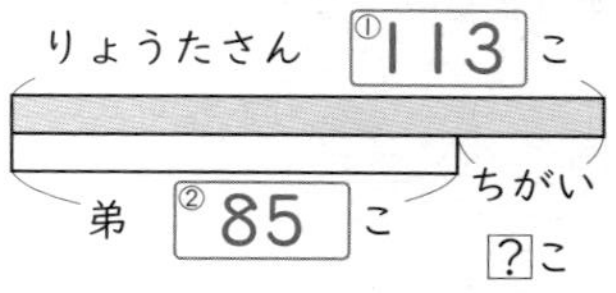

りょうたさん ①113 こ
弟 ②85 こ
ちがい
?こ

しき ③113 − ④85

計算を ひっ算で して、答《こた》えを かきましょう。

	1	1	3
−		8	5
		⑤2	⑥8

答え ⑦28 こ

ヒント **1** 十のくらいの ひき算で ひけない ときは、百のくらいから 1くり下げよう。

★できた もんだいには、「た」を かこう！ ①でき ②でき ③でき

答え 20ページ

1 お店《みせ》で、チョコレートが 153円、ビスケットが 65円で 売《う》って います。チョコレートと ビスケットの ねだんの ちがいは 何《なん》円ですか。

「ちがいは いくつ」だから、ひき算《ざん》だね。

しき 153−65=88

	1	5	3
−		6	5
		8	8

答《こた》え（ 88円 ）

2 小学校の うんどう会《かい》で、赤組《くみ》は 113点《てん》、白組は 95点 とりました。ちがいは 何点ですか。

しき 113−95=18

	1	1	3
−		9	5
		1	8

答え（ 18点 ）

3 ゆかさんの クラスでは、きのう メダルを 102こ 作《つく》りました。きょうは 98こ 作りました。きのうと きょうで、作った メダルの 数《かず》の ちがいは 何こですか。

しき 102−98=4

	1	0	2
−		9	8
			4

答え（ 4こ ）

ヒント **3** 十のくらいから くり下げられない ときは、百のくらいから 1くり下げて 計算《けいさん》しよう。

38ページ

1「113−85」を ひっ算で します。一のくらいの ひき算で ひけないので 十のくらいから 1くり下げます。

39ページ

1「153−65」を ひっ算で します。

$$\begin{array}{r} \overset{0\,4}{\cancel{1}53} \\ -\ 65 \\ \hline 88 \end{array}$$

2「113−95」を ひっ算で します。

$$\begin{array}{r} 113 \\ -\ 95 \\ \hline 18 \end{array}$$

3 図を かくと、つぎの ように なります。

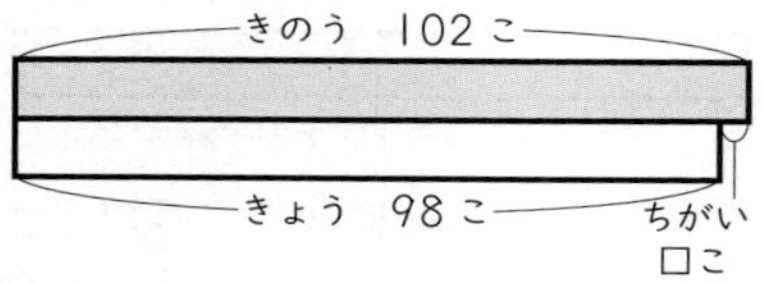

きのう 102こ
きょう 98こ
ちがい
□こ

ぴったり1 じゅんび

20 かけ算①

答え 21ページ

同《おな》じ 数《かず》の いくつ分《ぶん》の 計算《けいさん》の しかた

かけ算《ざん》を します。

2 × 3 ＝ 6

（1つ分の 数）（いくつ分）（ぜんぶの 数）

2の 3つ分 ──→ 2×3

読《よ》み方《かた》 「2かける3」

計算 2＋2＋2＝6（→2×3＝6）

1 1台《だい》に 4人ずつ のれる のりものが あります。
2台では 何《なん》人 のれますか。

同じ 数の いくつ分かで 考《かんが》えましょう。

●●●● ●●●●

1台に のれる
人の 数

① 4 の ② 2 つ分

かけ算の しきに かいて、
答《こた》えを もとめましょう。

4×2の 答えは、
4+4で
もとめられるよ。

しき ③ 4 × ④ 2 ＝ ⑤ 8

答え ⑥ 8 人

ヒント 1 「4の 2つ分」に なるから、「4×2」という かけ算で あらわせるよ。

ぴったり2 れんしゅう

★できた もんだいには、「た」を かこう！ 1 でき 2 でき 3 でき

答え 21ページ

1 1まいの さらに
いちごが 3こずつ のって います。
この さらが 2さら あります。
いちごは ぜんぶで 何《なん》こ ありますか。

●●● ●●●

1さらの
いちごの 数《かず》

しき 3 × 2 ＝ 6

答《こた》え（ 6こ ）

2 1はこに ケーキが 5こずつ 入って います。
3はこでは、何こに なりますか。

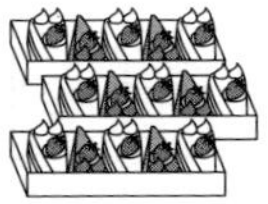

●●●●● ●●●●● ●●●●●

1はこの
ケーキの 数

しき 5×3＝15

答え（ 15こ ）

3 1さつの あつさが
4cmの アルバムが あります。
8さつ分の あつさは 何cm ですか。

しき 4×8＝32

答え（ 32cm ）

ヒント 2 「5この 3はこ分《ぶん》」だから、しきは 5×3と かけるね。

40ページ

1 1台《だい》に 4人ずつ のれる のりものが 2台分で、4×2に なります。

41ページ

1 1まいの さらに いちご が 3こずつ のって いる さらが 2さら分で、3×2に なります。

2 1はこに ケーキが 5こ 入った はこが 3はこ分で、5×3に なります。

3 1さつの あつさが 4cm の アルバムが 8さつ分で、4×8に なります。

おうちのかたへ

かけ算の式は「同じ数のいくつ分」という意味があることを理解することが大切です。かけ算の答えは、例えば2×3であれば、「2の3つ分」なので「2＋2＋2」で求めることができます。

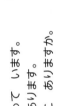

42ページ

ぴったり1 じゅんび

21 かけ算②

学習

答え 22ページ

ばいの 計算《けいさん》の しかた

4cmの 3つ分《ぶん》の ことを、（×3）

「4cmの 3ばい」とも いいます。（×3）

しきで あらわすと、4×3と なります。

「〜ばい」も かけ算《ざん》で もとめられるよ。

1 長《なが》さが 3cmの おもちゃの じどう車《しゃ》が あります。4つ分の 長さは 何《なん》cmですか。

何ばいに なるかを 考《かんが》えましょう。

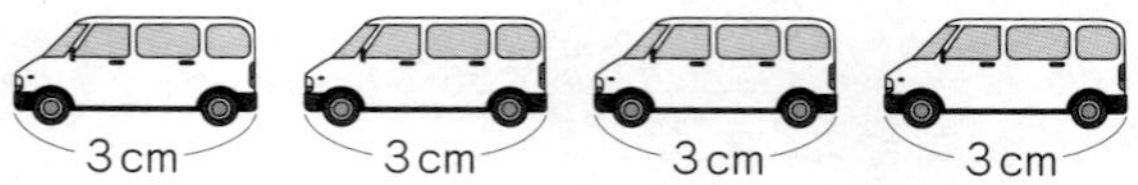

3cmの 4つ分だから、

3cmの ①4 ばい

かけ算の しきに かいて 答《こた》えを もとめましょう。

しき 3×②4 =③12

答え ④12 cm

2 4cmの テープの 5ばいの 長さは 何cmですか。

しき ①4 ×②5 =③20

答え ④20 cm

ヒント **2** 「4cmの 5ばい」に なるから、しきは 4×5だよ。4+4+4+4+4の 計算を しよう。

43ページ

ぴったり2 れんしゅう

学習

★できた もんだいには、「た」を かこう！ ①でき ②でき ③でき

答え 22ページ

1 下の 直線《ちょくせん》の 長《なが》さは 4cmの 6ばいです。直線の 長さは 何《なん》cmですか。

しき 4×6=24

答《こた》え（ 24cm ）

2 3cmの 4ばいの 高《たか》さは 何cmですか。

しき 3×4=12

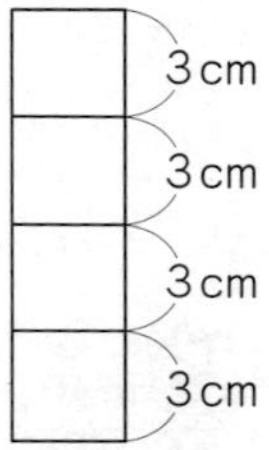

「3cmの 4ばい」だから、しきは 3×4だよ。

答え（ 12cm ）

3 2Lの 3ばいの かさは 何Lですか。

しき 2×3=6

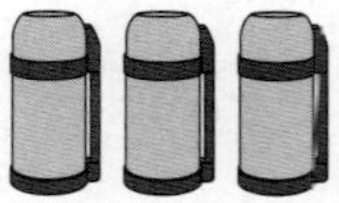

答え（ 6L ）

ヒント **1** 「4cmの 6ばい」だから、かけ算《ざん》で あらわすと 4×6に なるよ。

42ページ

1 長さが 3cmの じどう車が 4つ分で、3×4に なります。

2 4cmの 5ばいを かけ算の しきで あらわすと、4×5に なります。

43ページ

1 4cmの 6ばいを かけ算の しきで あらわすと、4×6に なります。

2 3cmの 4ばいを かけ算の しきで あらわすと、3×4に なります。

3 2Lの 3ばいを かけ算の しきで あらわすと、2×3に なります。

おうちのかたへ

何倍の計算も、かけ算で求めることができます。「2倍」は「×2」、3倍は「×3」などのように、「〜倍」はすぐにかけ算に表して考えられることを理解できるようにしましょう。

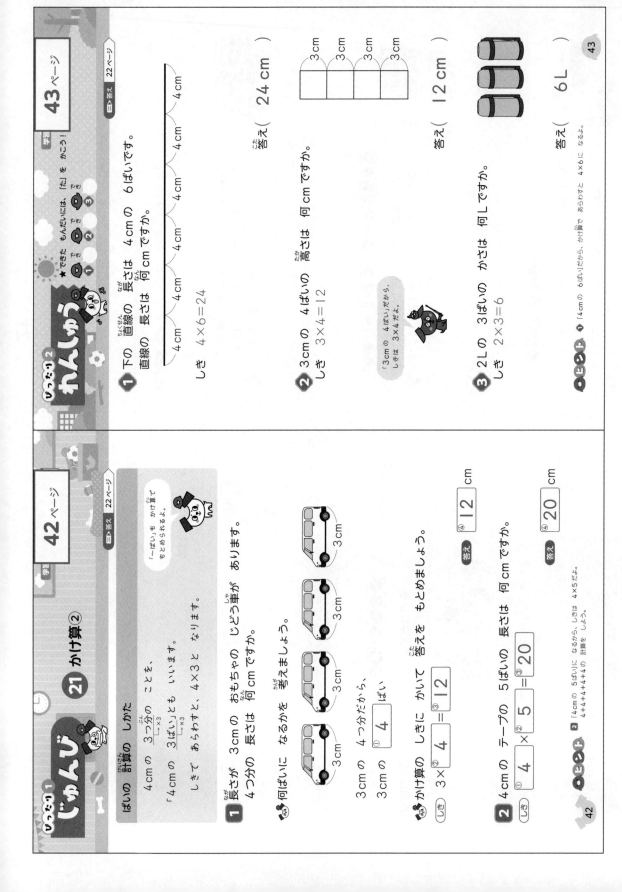

ぴったり1 じゅんび

22 かけ算③

学習日 44ページ

答え 23ページ

かけられる数《かず》と かける数

2こ入りの あめの ふくろ 6ふくろ分《ぶん》の あめの 数を もとめる しきは 2×6です。

2×6（かけられる数 ／ かける数）

1 1つの はこに まんじゅうが 5こずつ 入って います。8はこでは、まんじゅうは 何《なん》こに なりますか。

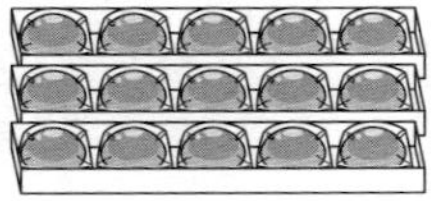

1つ分を あらわす 数と いくつ分を あらわす 数が いくつかを 考《かんが》えましょう。

1つ分は ① 5 、いくつ分は ② 8

1つ分の 数が かけられる数を あらわして いるよ。

かけ算《さん》の しきに かいて 答《こた》えを もとめましょう。

しき ③ 5（かけられる数） × ④ 8（かける数） = ⑤ 40

答え ⑥ 40 こ

2 1人に 4まいずつ おり紙《がみ》を くばります。子ども 7人に くばると、おり紙は 何まい いりますか。

しき ① 4（1つ分） × ② 7（いくつ分） = ③ 28

答え ④ 28 まい

ヒント 2 1つ分の 数は 4で、その 7つ分に なるよ。

ぴったり2 れんしゅう

★できた もんだいには、「た」を かこう！ でき 1 でき 2 でき 3

学習日 45ページ

答え 23ページ

1 1こ 5円の チョコレートを 6こ 買《か》うと、何《なん》円に なりますか。

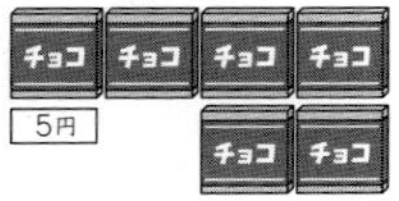

しき 5 × 6 = 30

1つ分《ぶん》の 数《かず》は 5で、いくつ分の 数は 6だよ。しきは 5×6に なるね。

答《こた》え（ 30円 ）

2 8人ずつで はんを つくると、ぜんぶで 4つの はんが できました。みんなで 何人 いますか。

しき 8×4=32

1つ分の 数は 8で、その 4つ分だから…

答え（ 32人 ）

3 1まいの さらに たこやきが 6こずつ のって います。8さらでは、たこやきは 何こに なりますか。

しき 6×8=48

答え（ 48こ ）

ヒント 3 1つ分の 数は 6で、いくつ分の 数は 8だよ。

44ページ

1 1つの はこに 5こずつ 入った まんじゅうの はこが 8はこ分で、5×8 に なります。

2 1人に 4まいずつ おり紙を 7人分で、4×7に なります。

45ページ

1 5円の 6こ分の かけ算を しきで あらわすと、5×6に なります。

2 8人の 4はん分で、8×4に なります。

3 6この 8さら分で、6×8に なります。

おうちのかたへ

小学校の算数では、かけ算を「1つ分の数×いくつ分」という考え方で式をたてます。×の前の数は、「1つ分に当たる数」で、×の後ろの数は、「その1つ分が何個分あるかにあたる数」になります。

ぴったり1 じゅんび

23 かけ算④

学習 46ページ

答え 24ページ

かけられる数《かず》と　かける数

3つの　かごに　みかんが　6こずつ　入って　います。
ぜんぶの　数を　もとめる　しきは　6×3です。

6×3
かけられる数　かける数

1 せっけんの　はこが　3つ　あります。
1つの　はこには、せっけんが　4こずつ　入って　います。せっけんは、ぜんぶで　何《なん》こ　ありますか。

1つ分《ぶん》を　あらわす　数と　いくつ分を　あらわす　数が　いくつかを　考《かんが》えましょう。

1つ分は ① 4 、いくつ分は ② 3

1つ分の　数が　かけられる数を　あらわして　いるよ。

かけ算《ざん》の　しきに　かいて　答《こた》えを　もとめましょう。

しき ③ 4（かけられる数）× ④ 3（かける数）= ⑤ 12

答え ⑥ 12 こ

2 リボンを　4本　つなぎます。
リボン　1本の　長《なが》さは　5cm です。
ぜんぶで　何 cm に　なりますか。

しき ① 5（1つ分）× ② 4（いくつ分）= ③ 20

答え ④ 20 cm

ヒント 2 1つ分の　数は　5で、その　4つ分に　なるよ。

ぴったり2 れんしゅう

★できた　もんだいには、「た」を　かこう！

学習 47ページ

答え 24ページ

1 長《なが》いすが　8つ　あります。
1つの　長いすに　4人ずつ　すわります。
みんなで　何《なん》人　すわれますか。

しき 4 × 8 = 32

1つ分《ぶん》の　数《かず》は　4で、いくつ分の　数は　8だよ。しきは　4×8に　なるね。

答《こた》え（　32人　）

2 夏《なつ》休みに　7日間《かん》　本を　読《よ》みます。1日に　8ページずつ　読むと、ぜんぶで　何ページ　読む　ことに　なりますか。

しき　8×7=56

1つ分の　数は　8で、その　7つ分だから…

答え（56ページ）

3 子どもが　9人　います。1人に　3本ずつ　えんぴつを　くばるとき、えんぴつは　何本　いりますか。

しき　3×9=27

答え（　27本　）

ヒント 3 1つ分の　数は　3で、いくつ分の　数は　9だよ。

46ページ

1 1つの　はこに　4こずつ　入った　せっけんの　3はこ分で、4×3に　なります。

2 1本の　長さが　5cm の　リボン　4本分で、5×4に　なります。

47ページ

1 4人の　8つ分の　かけ算を　しきで　あらわすと、4×8に　なります。

2 8ページの　7日分の　かけ算を　しきで　あらわすと、8×7に　なります。

3 3本の　9人分の　かけ算を　しきで　あらわすと、3×9に　なります。

おうちのかたへ

かけ算の問題では、まず問題文中から1つ分を表す数と、いくつ分を表す数を見つけるようにします。式は、1つ分を表す数がかけられる数、いくつ分を表す数がかける数になります。

ぴったり1 じゅんび

学習 48ページ

24 かけ算を つかった もんだい①

答え 25ページ

かけ算《ざん》と たし算が まじった もんだい

同《おな》じ りょうの 何《なん》こ分《ぶん》か、何ばいかを もとめる ときは かけ算を します。

何こだけ 多《おお》い 数《かず》などを もとめる ときは たし算を します。

もんだいを よく 読《よ》んで じゅんに 考《かんが》えます。

1 1まい 8円の 色紙《いろがみ》を 6まいと、30円の リボンを 買《か》いました。ぜんぶで 何円ですか。

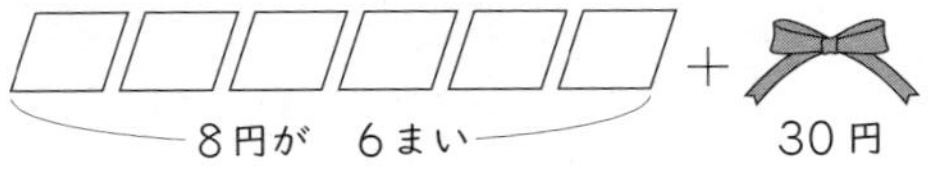

どれが かけ算で、どれが たし算かな。

じゅんに 考えましょう。

1まい 8円の 色紙 6まいの だい金を もとめると、

①8 × ②6 = ③48

30円の リボンも 買うので、

④48 + 30 = ⑤78

（色紙 6まいの だい金）（リボンの ねだん）

しき ⑥8 × ⑦6 = ⑧48

⑨48 + 30 = ⑩78

答え ⑪78 円

ヒント 1 しきが 2つに なる もんだいだよ。

ぴったり2 れんしゅう

学習 49ページ

★できた もんだいには、「た」を かこう！ ① ② ③

答え 25ページ

1 まと当《あ》てゲームで りかさんは 3回《かい》とも 3点《てん》でした。ただしさんは りかさんより 4点 多《おお》く とりました。ただしさんは 何《なん》点でしたか。

(1)りかさんの 点数《すう》を もとめましょう。

しき 3×3=9

答《こた》え（ 9点 ）

(2)ただしさんの 点数を もとめましょう。

しき 9+4=13

ただしさんの 点数は りかさんより 多いから…

答え（ 13点 ）

2 1こ 8円の キャラメルを 7こと、45円の チョコレートを 1こ 買《か》いました。ぜんぶで 何円ですか。

しき 8 × 7 = 56

56 + 45 = 101

答え（ 101円 ）

3 はるきさんは、本を 読《よ》みました。月曜《よう》日から 金曜日までの 5日間《かん》は、1日に 9ページずつ 読みました。土曜日は 16ページ 読みました。ぜんぶで 何ページ 読みましたか。

しき 9×5=45

45+16=61

答え（ 61ページ ）

ヒント 3 月曜日から 金曜日までに 読んだ ページ数は かけ算《ざん》で もとめるよ。

48ページ

1 かけ算と たし算が まざった もんだいです。どの 計算が かけ算・たし算に なるのかを 考えましょう。

49ページ

1 りかさんの 点数は、3×3=9（点）です。これに 4点を たすと、ただしさんの 点数に なります。

2 8円の キャラメル7こ分で、8×7=56（円）です。これに、チョコレートの 45円を たします。

3 1日に 9ページずつを 5日分で、9×5=45（ページ）です。これに、土曜日に 読《よ》んだ 16ページを たします。

25 かけ算を　つかった　もんだい②

答え 26ページ

かけ算《さん》と　ひき算が　まじった　もんだい

同《おな》じ　りょうの　何《なん》こ分《ぶん》か、何ばいかを　もとめる　ときは
かけ算を　します。
何こだけ　少《すく》ない　数《かず》などを　もとめる　ときは
ひき算を　します。
もんだいを　よく　読《よ》んで　じゅんに　考《かんが》えます。

1 1こ　7円の　あめを　8こ　買《か》って、
100円を　はらうと、
おつりは　いくらですか。

おつりは　だい金が
もって　いる　お金より
少ないと　もらえるよ。

あめの　だい金は　7円の　8こ分です。
おつりは　つぎの　ように　もとめます。
もっているお金 − だい金 = おつり

じゅんに　考えましょう。
1こ　7円の　あめ　8この　だい金を　もとめると、
① 7 × ② 8 = ③ 56
100円を　はらったので、
100 − ④ 56 = ⑤ 44
（はらった お金）（あめ 8この だい金）

しき　⑥ 7 × ⑦ 8 = ⑧ 56
100 − ⑨ 56 = ⑩ 44

答え　⑪ 44 円

ヒント　1 おつりは　はらった　お金より　少ないよ。

★できた　もんだいには、「た」を　かこう！
1 でき　2 でき　3 でき

答え 26ページ

1 3この　くりが　入った　ふくろが　7ふくろ　あります。
5こを　友《とも》だちに　あげると、のこりは　何《なん》こですか。

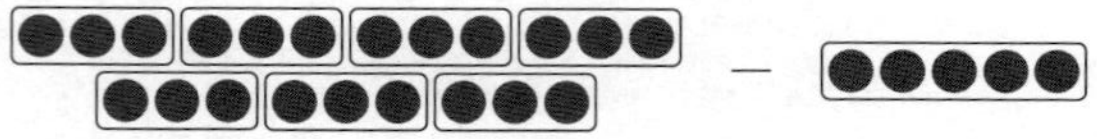

しき　$3\times7=21$
$21-5=16$

答《こた》え（　16こ　）

2 7cmの　5ばいの　長《なが》さの　リボンから、
6cm　切《き》りとりました。
のこりの　長さは　何cmですか。

「7cmの　5ばい」だから
かけ算《ざん》で　もとめるよ。
切りとった　のこりの
長さは　ひき算で　もとめよう。

しき　7 × 5 = 35
35 − 6 = 29

答え（　29cm　）

3 1ふくろ　8まい入りの　おり紙《がみ》セットが　4ふくろ　あります。
そのうち、おり紙を　7まい　つかいました。
のこりは　何まいですか。

しき　$8\times4=32$
$32-7=25$

答え（　25まい　）

ヒント　3 かけ算で　おり紙の　数《かず》を　もとめて、7まいを　ひくよ。

50ページ

1 かけ算と　ひき算が　まざった　もんだいです。どの　計算が　かけ算・ひき算　になるのかを　考えましょう。

51ページ

1 3この　くり　7ふくろで、$3\times7=21$（こ）です。ここから、あげた　5こを　ひきます。

2 7cmの　5ばいは、$7\times5=35$（cm）です。ここから、切《き》りとった　6cmを　ひきます。

3 8まいセットの　おり紙　4ふくろで、$8\times4=32$（まい）です。
ここから、7まいを　ひきます。

おうちのかたへ
ひき算の式を考えるときには、「どの数からどの数をひくか」をきちんと意識することが大切です。この段階ではひき算の計算は、大きな数から小さな数をひかないと成り立ちません。

ぴったり1 じゅんび　学習 52ページ

26 長さの　たし算②

答え 27ページ

長《なが》さの　たし算《ざん》

長さの　たし算は　同《おな》じ　たんいの　ところを　たします。

1m 50cm+30cm=1m 80cm（同じ たんい）

2m 10cm+1m=3m 10cm（同じ たんい）

cm　mm の　ときと　同じように　計算《けいさん》できるね。

1 つぎの　2つの　テープの　長さは　あわせて　何《なん》m何cmですか。

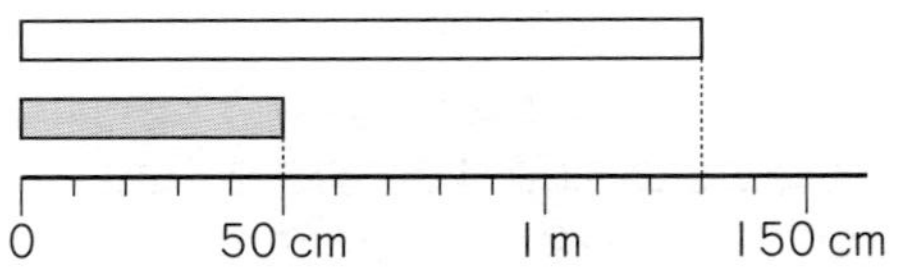

しきと　答《こた》えを　かきましょう。

しき　1m 30cm+50cm=1m 80cm

答え（　1m 80cm　）

2 1m 10cmの　長さの　ひもと、2mの　長さの　ひもを　ならべます。あわせた　長さは　何m何cmですか。

しきと　答えを　かきましょう。

しき　1m 10cm+2m=3m 10cm

答え（　3m 10cm　）

ヒント　2 同じ　たんいが　どこなのか、まちがえないように　しよう。

ぴったり2 れんしゅう　学習 53ページ

★できた　もんだいには、「た」を　かこう！　1 できた　2 できた

答え 27ページ

1 2mの　長《なが》つくえに、よこならびに　なるように、長さが　70cmの　つくえを　くっつけました。あわせると　何《なん》m何cmに　なりますか。

しき　2m+70cm=2m 70cm

答《こた》え（　2m 70cm　）

2 長いすの　たての　長さは　40cmです。この　長いすの　よこの　長さは、たての　長さより　1m 10cm　長いです。長いすの　よこの　長さを　もとめましょう。

(1)長いすの　よこの　長さは　何m何cmですか。

しき　40cm+1m 10cm=1m 50cm

答え（　1m 50cm　）

(2)長いすの　よこの　長さは　何cmですか。

1m=100cmだから、
1m 50cm=150cm

答え（　150cm　）

ヒント　2 (2)　1m=100cmだね。

52ページ

1 mと　cmが　まざった　長さの　たし算です。同じ　たんい　どうしで　たし算を　するので、「30cm+50cm」を　計算します。

2 同じ　たんいどうしで　たし算を　するので、「1m+2m」を　計算します。

53ページ

1 2mより　70cmだけ　長く　なります。

2 (1)同じ　たんいの　ところを　たします。
よこの　長さは、たての　長さより　1m 10cm　長いから、「40cm+1m 10cm」を　計算します。

(2) 1m=100cmだから、
1m 50cm
=100cm+50cm
=150cm

おうちのかたへ

長さの計算では、必ず同じ単位どうしで計算します。また、「1m=100cm」「1cm=10mm」であることを再確認しておきましょう。

ぴったり1 じゅんび

27 長《なが》さの　ひき算②

学習 54ページ

答え 28ページ

長《なが》さの　ひき算《ざん》

長さの　ひき算は　同《おな》じ　たんいの　ところを　ひきます。

1 m 80 cm − 20 cm = 1 m 60 cm（同じ たんい）

2 m 30 cm − 1 m = 1 m 30 cm（同じ たんい）

長さの　ひき算も　同じ　たんいどうしで　計算《けいさん》を　しよう。

1 1 m 70 cm の　赤い　テープと
60 cm の　青い　テープが　あります。
赤い　テープは　青い　テープより　何《なん》m 何 cm　長いですか。

しきと　答《こた》えを　かきましょう。

しき　1 m 70 cm − 60 cm = 1 m 10 cm

答え（　1 m 10 cm　）

2 長さの　ちがう　2本の　ロープが　あります。
長い　ほうの　ロープの　長さは　3 m 50 cm、みじかい　ほうの　ロープの　長さは　2 m です。この2本の　ロープの　長さの　ちがいは　何 m 何 cm ですか。

しきと　答えを　かきましょう。

しき　3 m 50 cm − 2 m = 1 m 50 cm

答え（　1 m 50 cm　）

ヒント　2 同じ　たんいどうしで　計算　しよう。

ぴったり2 れんしゅう

★できた　もんだいには、「た」を　かこう！

学習 55ページ

答え 28ページ

1 1 m の　紙《かみ》テープが　あります。
この　テープから　20 cm　切《き》りとりました。
のこりの　長《なが》さは　何《なん》cm ですか。

しき　1 m = 100 cm
100 cm − 20 cm = 80 cm

答《こた》え（　80 cm　）

2 右の　図《ず》の　ような　黒《こく》ばんが　あります。
たての　長さと　よこの　長さの　ちがいは　何 cm ですか。

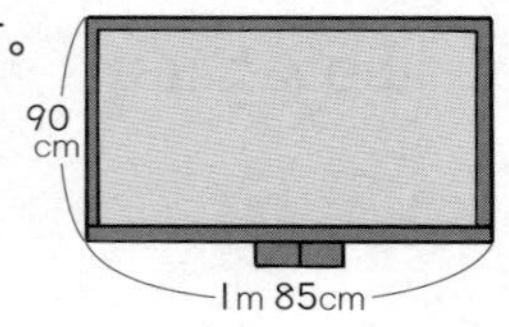

(1)この　黒ばんの　よこの　長さは　何 cm ですか。
1 m 85 cm = 185 cm

答え（　185 cm　）

(2)この　黒ばんの　たての　長さと　よこの　長さの　ちがいは　何 cm ですか。
しき　185 cm − 90 cm = 95 cm

答え（　95 cm　）

ヒント　2 (2) たんいは　cm に　そろえた　もので　計算《けいさん》しよう。

54ページ

1 同じ　たんいどうしで　計算を　するので、
「70 cm − 60 cm」を　計算します。

55ページ

1 1 m = 100 cm で、
そこから　20 cm を
ひきます。

2 (1) 1 m = 100 cm だから、
1 m 85 cm
= 100 cm + 85 cm
= 185 cm

(2)同じ　たんいどうしで　計算を　します。よこの　長さは　たての　長さより　長いから、
「185 cm − 90 cm」を　計算します。

ぴったり1 じゅんび

学習 56ページ

28 ふえたのは　いくつ

答え 29ページ

「ふえたのは　いくつ」の　図《ず》の　かき方《かた》

公園《こうえん》で　はじめに　子どもが　12人　あそんで　いました。
そこへ　友《とも》だちが　来《き》て、みんなで　27人に　なりました。
友だちは　何《なん》人　来ましたか。

（図の　かき方）
①はじめの　子どもの　数《かず》
12人
②あとから　友だちが　何人か
来た
③みんなで　27人に　なった

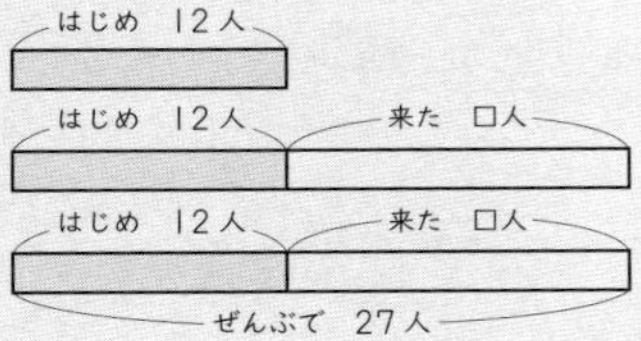

はじめ　12人
はじめ　12人
来た　□人
はじめ　12人
来た　□人
ぜんぶで　27人

1 コスモスが　きのう　14本　さいて　いました。
けさは　26本　さいて　いました。
さいて　いる　コスモスは　何本　ふえましたか。

図を　みて　考《かんが》えましょう。

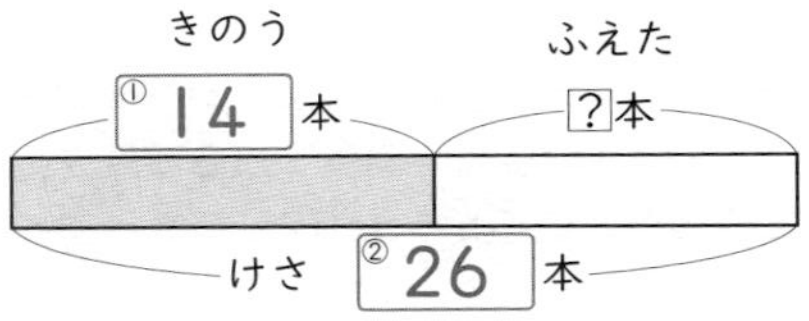

きのう
ふえた
① 14 本
?本
けさ
② 26 本

けさの　数から
きのうの　数を
ひくと、ふえた　数に
なるね。

しきと　答《こた》えを　かきましょう。

しき ③ 26 － ④ 14 ＝ ⑤ 12

答え ⑥ 12 本

ヒント **1** もんだいを　よく　読《よ》んで　あてはまる　数を　かこう。

ぴったり2 れんしゅう

★できた　もんだいには、「た」を　かこう！　① でき　② でき

学習 57ページ

答え 29ページ

1 鳥《とり》が　25わ　岩場《いわば》に　とまって　います。
さらに　鳥が　とんで　きたので、
ぜんぶで　44わに　なりました。何《なん》わ　ふえましたか。

(1)つぎの　図《ず》の　□に　あてはまる　数《かず》を　かきましょう。

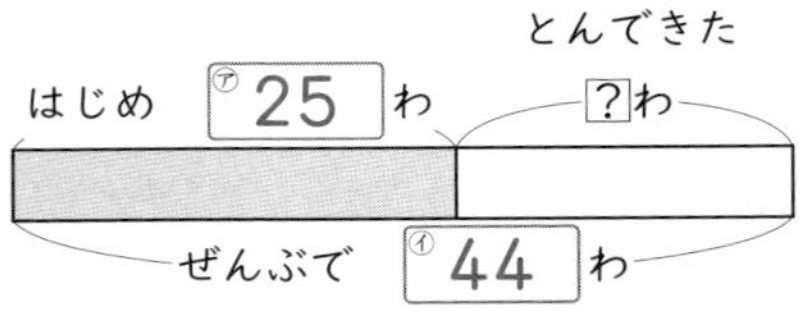

とんできた
はじめ
㋐ 25 わ
?わ
ぜんぶで
㋑ 44 わ

(2)しきと　答《こた》えを　かきましょう。

しき　44－25＝19

答え（　19わ　）

2 さやかさんは　ビーズを　23こ　もって　います。
ビーズを　いくつか　もらったので、
ビーズは　ぜんぶで　38こに　なりました。
何こ　もらいましたか。図を　かいて　考《かんが》えましょう。

図

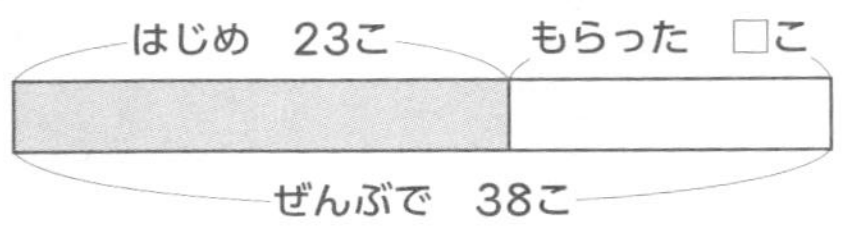

はじめ　23こ
もらった　□こ
ぜんぶで　38こ

しき　38－23＝15

答え（　15こ　）

ヒント **2** 「ふえたのは　いくつ」だから、「ぜんぶの　数－はじめの　数」の　しきに　あてはめて、計算《けいさん》しよう。

56ページ

1 けさ　さいていた　コスモスの　本数から、きのう　さいていた　コスモスの　本数を　ひきます。

57ページ

1 とんで　きた　鳥の　数を　もとめるので、ひき算です。

$$\begin{array}{r} 44 \\ -25 \\ \hline 19 \end{array}$$

2 図は、れいと　同じように　かきましょう。

$$\begin{array}{r} 38 \\ -23 \\ \hline 15 \end{array}$$

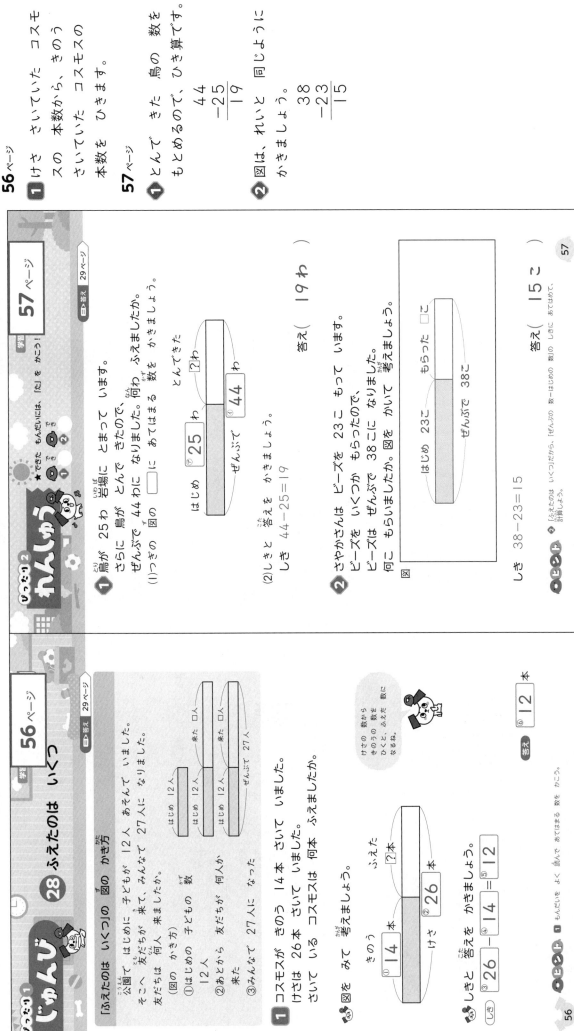

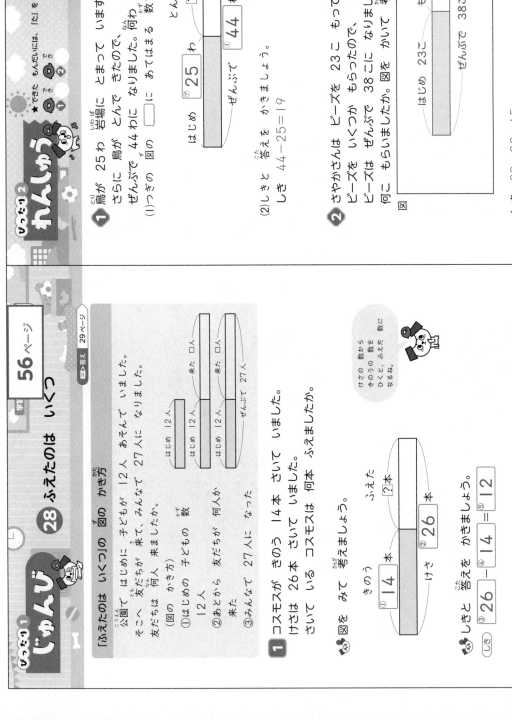

29 へったのは　いくつ

答え　30ページ

「へったのは　いくつ」の　図《ず》の　かき方《かた》

クッキーが　35こ　ありました。友《とも》だちに　くばると、のこりは　8こに　なりました。何《なん》こ　くばりましたか。

(図の　かき方)
①はじめに　クッキーが　35こ
②友だちに　何こか　くばった
③のこりは　8こ

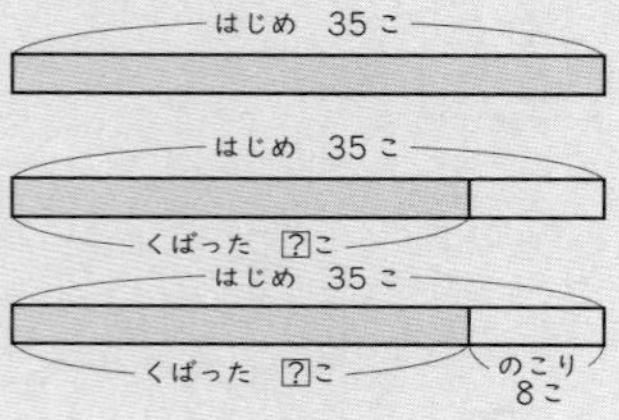
はじめ　35こ
はじめ　35こ
くばった　?こ
はじめ　35こ
くばった　?こ
のこり 8こ

1 ジュースを　36本　ようい　しました。
子どもたちに　くばったら、12本　のこりました。
何本　くばりましたか。

図を　かいて　考《かんが》えましょう。

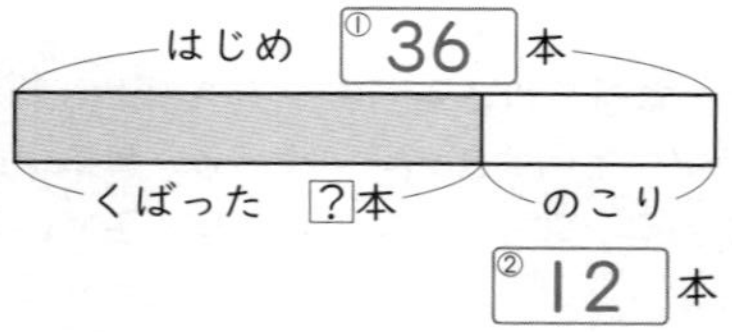
はじめ
①36 本
くばった　?本
のこり
②12 本

はじめの　数《かず》から
のこった　数を　ひくと、
くばった　数に　なるね。

しきと　答《こた》えを　かきましょう。

しき　③36 － ④12 ＝ ⑤24

答え　⑥24 本

ヒント　**1** もんだいを　よく　読《よ》んで　あてはまる　数を　かこう。

★できた　もんだいには、「た」を　かこう！　でき 1　でき 2

答え　30ページ

1 ちゅう車場《しゃじょう》に　車が　42台《だい》　とまって　います。
何《なん》台か　出て　行《い》ったので、37台に　なりました。
何台　出《で》て　行きましたか。

(1)つぎの　図《ず》の　□に　あてはまる　数《かず》を　かきましょう。

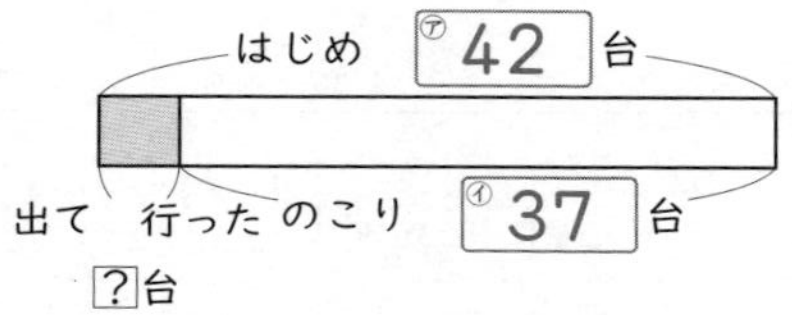
はじめ
㋐42 台
出て　行った
?台
のこり
㋑37 台

(2)しきと　答《こた》えを　かきましょう。
しき　42－37＝5

答え(　5台　)

2 さいふに　180円を　入れて　買《か》いものに　行きました。
おかしを　買ったら、のこりは　55円に　なりました。
買った　おかしは　何円でしたか。
図を　かいて　考《かんが》えましょう。

図

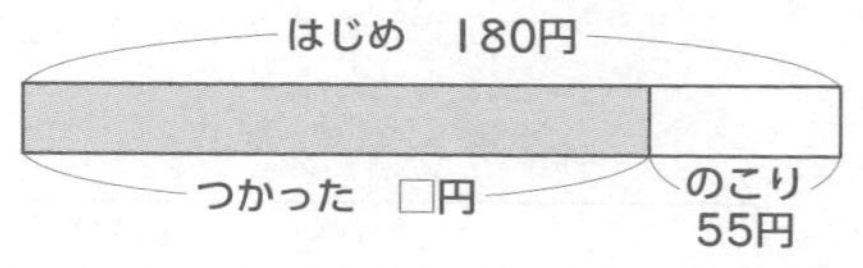
はじめ　180円
つかった　□円
のこり
55円

しき　180－55＝125

答え(　125円　)

ヒント　**2** 「へったのは　いくつ」だから、「はじめの　数－のこった　数」の　しきに　あてはめて、計算《けいさん》しよう。

58ページ

1 よういした　ジュースの　本数から、のこりの　本数を　ひきます。

59ページ

1 へった　数を　もとめるので、ひき算です。

$$\begin{array}{r} 42 \\ -37 \\ \hline 5 \end{array}$$

2 図は、れいと　同じように　かかれていたら　せいかいです。

$$\begin{array}{r} 180 \\ -\ 55 \\ \hline 125 \end{array}$$

おうちのかたへ
問題文に出てくる数の関係がわかるように、図に表して考えます。図で表すとき、厳密に正しい長さをかくのは難しいので、まずは、大体の長さでかけるようにさせましょう。

ぴったり1 じゅんび

30 はじめは　いくつ①

60ページ

答え　31ページ

「はじめは　いくつ」の　図《ず》の　かき方《かた》

たかしさんは　シールを　もって　います。お父《とう》さんから　シールを　20まい　もらったので、37まいに　なりました。はじめに　何《なん》まい　もって　いましたか。

（図の　かき方）

①はじめに　シールが　何まいか　ある

②20まい　もらった

③ぜんぶで　37まいに　なった

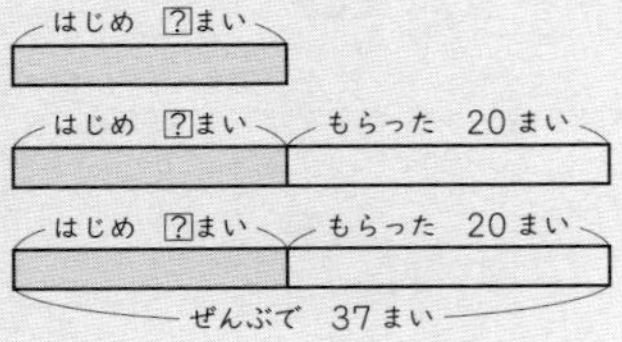

1 体《たい》いくかんに　子どもが　あつまって　います。あと　7人　来《く》ると、28人に　なります。今《いま》、何人　いますか。

図を　かいて　考《かんが》えましょう。

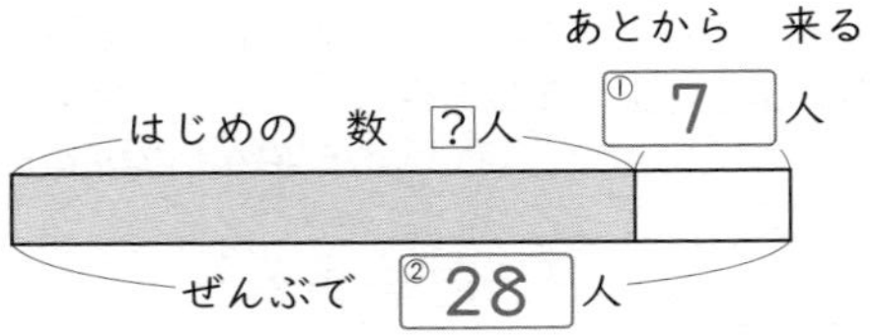

しきと　答《こた》えを　かきましょう。

しき　③28 − ④7 = ⑤21

答え　⑥21 人

ヒント　1 もんだいを　よく　読《よ》んで　あてはまる　数《かず》を　かこう。

ぴったり2 れんしゅう

61ページ

★できた　もんだいには、「た」を　かこう！　でき ①　でき ②

答え　31ページ

1 バスに　人が　のって　います。つぎの　バスていで　6人　のって　きたので、ぜんぶで　21人に　なりました。はじめに　何《なん》人　のって　いましたか。

(1)つぎの　図《ず》の　□に　あてはまる　数《かず》を　かきましょう。

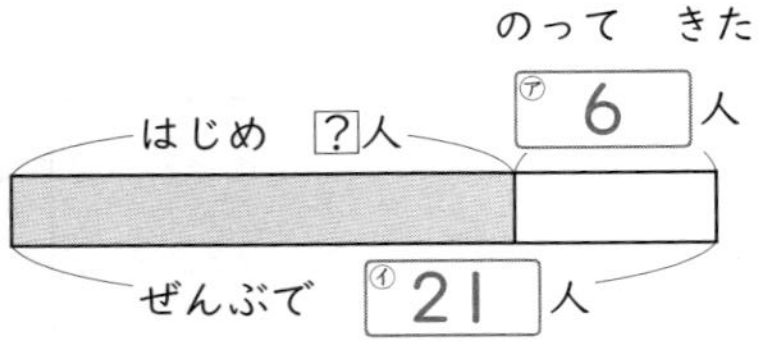

ぜんぶの　数から　ふえた　数を　ひくと、はじめの　数に　なるね。

(2)しきと　答《こた》えを　かきましょう。

しき　21−6=15

答え（　15人　）

2 ゆうさんは　お母《かあ》さんから　おこづかいを　80円　もらったので、もって　いる　お金は　ぜんぶで　175円に　なりました。ゆうさんは、はじめに　何円　もって　いましたか。図を　かいて　考《かんが》えましょう。

図

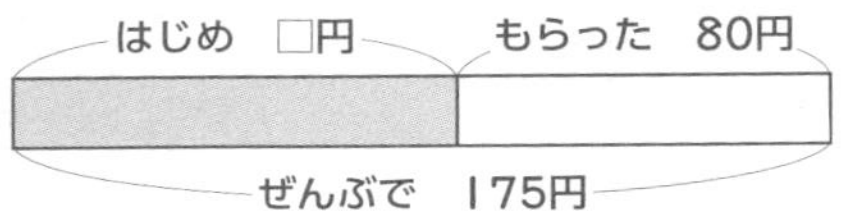

しき　175−80=95

答え（　95円　）

ヒント　2 「はじめは　いくつ」だから、「ぜんぶの　数−ふえた　数」の　しきに　あてはめて、計算《けいさん》しよう。

60ページ

1 ぜんぶの　人数から、あとから　来る　人数を　ひきます。

$$\begin{array}{r} 28 \\ -\ 7 \\ \hline 21 \end{array}$$

61ページ

1 はじめの　数を　もとめるので、ひき算です。
ぜんぶの　人数から、のって　きた　人数を　ひけば、はじめの　人数が　もとめられます。

$$\begin{array}{r} 21 \\ -\ 6 \\ \hline 15 \end{array}$$

2 図は、れいと　同じように　かきましょう。

$$\begin{array}{r} 175 \\ -\ 80 \\ \hline 95 \end{array}$$

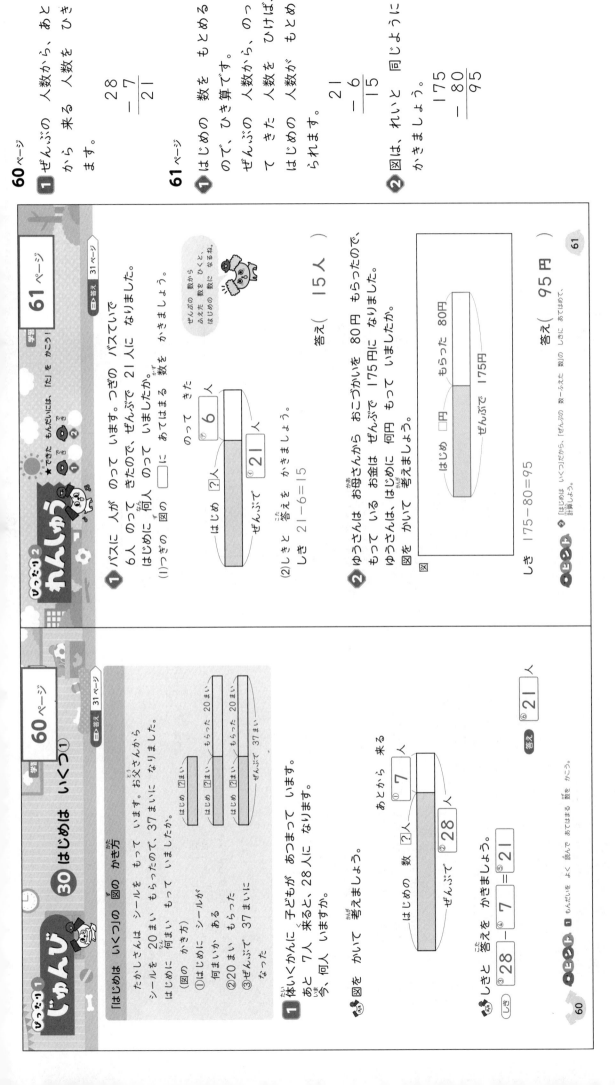

ぴったり1
じゅんび

31 はじめは いくつ②

学習 62ページ

答え 32ページ

「はじめは いくつ」の 図《ず》の かき方《かた》

たんじょう日会《かい》で ケーキを ようい しました。
みんなで 15こ 食《た》べたら、3こ のこりました。
ケーキは はじめに 何《なん》こ ありましたか。

（図の かき方）
①はじめに ケーキが
何こか ある
②15こ 食べた
③のこりは 3こに
なった

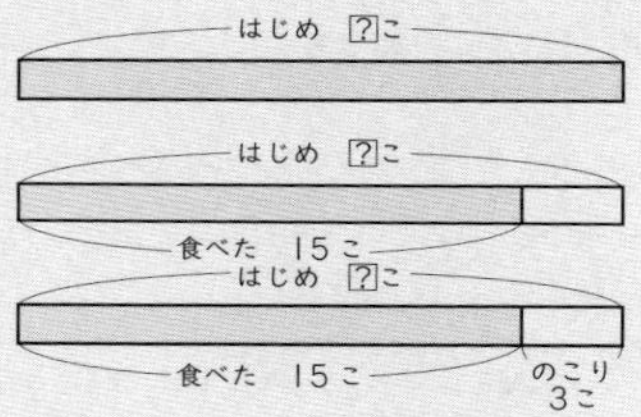

はじめ ?こ
はじめ ?こ
食べた 15こ
はじめ ?こ
食べた 15こ
のこり 3こ

1 にわに すずめが います。
そのうち 8わ とんで いったので、7わ のこりました。
はじめに 何わ いましたか。

図を かいて 考えましょう。

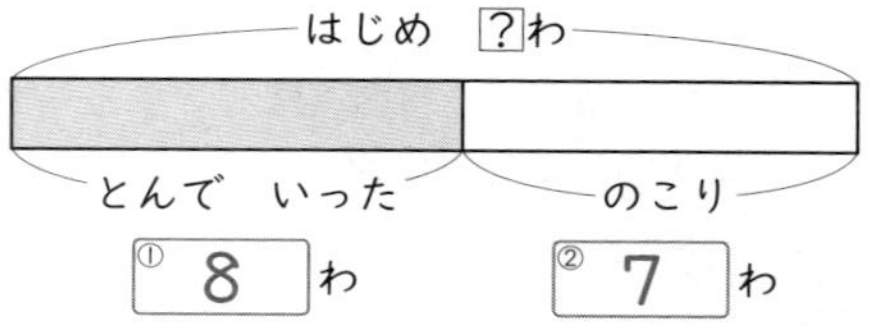

はじめ ?わ
とんで いった
のこり
① 8 わ
② 7 わ

しきと 答《こた》えを かきましょう。

しき ③ 7 + ④ 8 = ⑤ 15

答え ⑥ 15 わ

ヒント **1** もんだいを よく 読《よ》んで あてはまる 数を かこう。

ぴったり2
れんしゅう

★できた もんだいには、「た」を かこう！ できた 1 できた 2

学習 63ページ

答え 32ページ

1 えいたさんは、妹《いもうと》に おり紙《がみ》を 25まい あげました。
おり紙の のこりを 数《かぞ》えたら、37まいでした。
えいたさんは、はじめ おり紙を 何《なん》まい もって いましたか。

(1)つぎの 図の □に あてはまる 数《かず》を かきましょう。

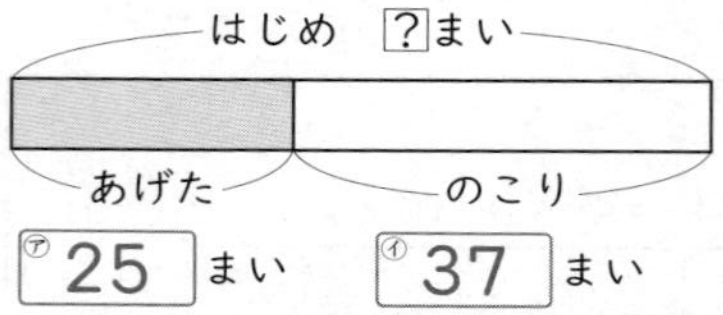

はじめ ?まい
あげた
のこり
㋐ 25 まい
㋑ 37 まい

はじめの 数は、
のこった数と へった数を
たすと わかるね。

(2)しきと 答《こた》えを かきましょう。

しき 25+37=62

答え（ 62まい ）

2 あやかさんは、リボンで かざりを 作《つく》りました。
リボンを 128 cm つかうと、リボンの のこりは
27 cm でした。リボンは はじめに 何 cm ありましたか。
図を かいて 考《かん》えましょう。

図

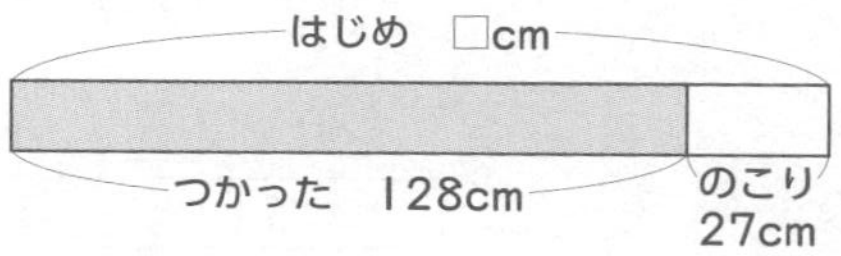

はじめ □cm
つかった 128cm
のこり
27cm

しき 27+128=155

答え（ 155 cm ）

ヒント **2** はじめの 数は、「のこった 数+へった 数」の しきに あてはめて 計算《けいさん》しよう。

62ページ

1 とんで いった 数と、のこりの 数を たすと、はじめの すずめの 数が もとめられます。

63ページ

1 のこりの まい数と、あげた まい数を たせば、はじめの おり紙の まい数が もとめられます。

$$\begin{array}{r} 37 \\ +25 \\ \hline 62 \end{array}$$

2 図は、れいと 同じように かきましょう。

$$\begin{array}{r} 27 \\ +128 \\ \hline 155 \end{array}$$

ぴったり1 じゅんび

32 まとめて　考えて①

学習 64ページ

答え　33ページ

まとめて　考《かんが》えよう

いくつ　ふえたかを　まとめて　考えましょう。

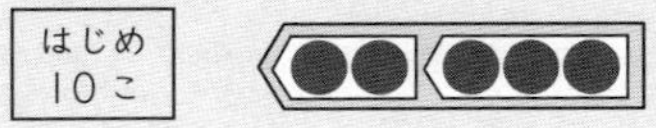

はじめ　10こ　あって、
2こ　もらって、
3こ　もらった。

1 池《いけ》に　あひるが　20わ　います。そこへ　4わ　入って　来《き》て、そのあと　3わ　入って　来ました。
あひるは　何《なん》わに　なりましたか。

何わ　ふえたかを　まとめて　考えて　みましょう。

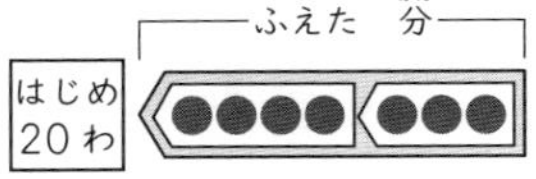

しき　①4＋②3＝③7
④20＋⑤7＝⑥27

答え　⑦27　わ

2 しょうさんは、シールを　25まい　もって　います。
きのう　お兄《にい》さんから　シールを　12まい　もらい、
きょう　お母《かあ》さんから　8まい　もらいました。
しょうさんは　今《いま》、シールを　何まい　もって　いますか。

何まい　ふえたかを　まとめて　考えて　みましょう。

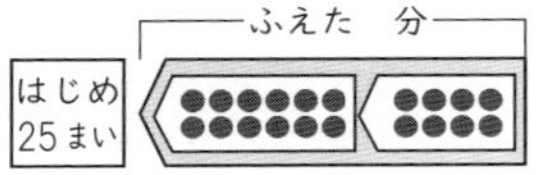

しき　12＋8＝20
25＋20＝45

答え（　45まい　）

ヒント　2　ふえた分を　さきに　まとめて　計算《けいさん》しよう。ふえた　分は　12＋8で　もとめられるね。

ぴったり2 れんしゅう

★できた　もんだいには、「た」を　かこう！　① ② ③

学習 65ページ

答え　33ページ

1 教室《きょうしつ》に　じどうが　18人　います。
そこへ　4人　入って　来《き》て　そのあと　6人　入って　来ました。
教室に　いる　じどうは　何《なん》人に　なりましたか。

(1)つぎの　図《ず》に　●を　かきましょう。

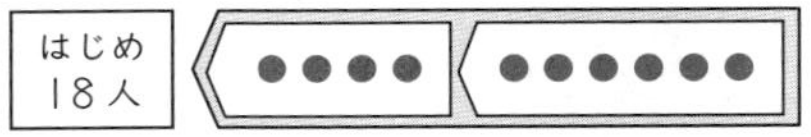

(2)入って　来た　じどうの　数《かず》を　まとめる　考《かん》え方《かた》で
しきと　答《こた》えを　かきましょう。

しき　4＋6＝10
18＋10＝28

答え（　28人　）

2 ちゅう車場《しゃじょう》に　バスが　23台《だい》　とまって　います。あとから
トラックが　2台　来ました。また、じょう用《よう》車が　8台
来ました。車は　ぜんぶで　何台に　なりましたか。
あとから　来た　車の　数を　まとめて　考えましょう。

しき　2＋8＝10
23＋10＝33

答え（　33台　）

3 ゆうさんは、ビーズを　34こ　もって　います。お姉《ねえ》さんから
15こ、お母《かあ》さんから　5この　ビーズを　もらいました。
ゆうさんの　ビーズは　何こに　なりましたか。
もらった　ビーズの　数を　まとめて　考えましょう。

しき　15＋5＝20
34＋20＝54

答え（　54こ　）

ヒント　2　ふえた　車の　数は、2＋8で　もとめられるね。

64ページ

1 4わ　入って　来て、そのあと　3わ　入って　来たので、ふえた　分《ぶん》は、
4＋3＝7(わ)です。
これを　はじめに　いた　20わに　たせば、あひるが　何わに　なったか　もとめられます。

65ページ

1 ふえた　数は、
4＋6＝10(人)
はじめの　18人と、ふえた　10人を　たします。

2 ふえた　数は、
2＋8＝10(台)
はじめの　23台と、ふえた　10台を　たします。

3 ふえた　数は、
15＋5＝20(こ)
はじめの　34こと、ふえた　20こを　たします。

33 まとめて　考えて②

答え 34ページ

まとめて　考《かんが》えよう

いくつ　へったかを　まとめて　考えましょう。

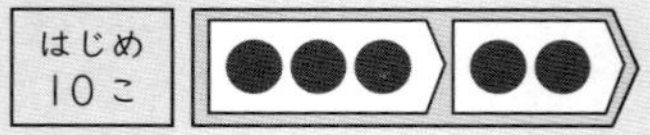

はじめ　10こ　あって、
2こ　あげて、3こ　あげた。

1 公園《こうえん》で　子どもが　18人　あそんで　います。そのうち、
3人が　家《いえ》に　帰《かえ》りました。さらに　6人　帰りました。
今《いま》、公園に　子どもは　何《なん》人　いますか。

何人　へったかを　まとめて
考えて　みましょう。

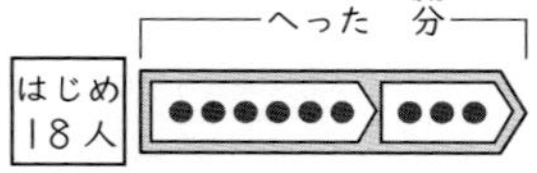

しき　3+6=9
18−9=9

答え（　9人　）

2 バスに　27人　のって　います。つぎの　バスていで
10人　おりました。そのあと、5人　おりました。
バスには　今、何人　のって　いますか。

何人　へったかを　まとめて
考えて　みましょう。

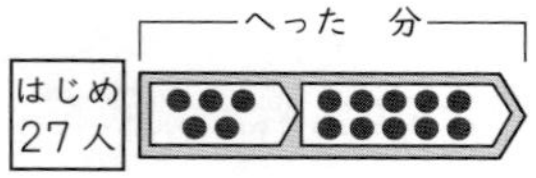

しき　10+5=15
27−15=12

答え（　12人　）

ヒント　2 バスを　おりた　数《かず》を　さきに　まとめて　計算《けいさん》しよう。

答え 34ページ

1 あめが　23こ　あります。そのうち　2こ　食《た》べて、
弟《おとうと》に　6こ　あげました。あめは　何《なん》こに　なりましたか。
(1)つぎの　図《ず》に　●を　かきましょう。

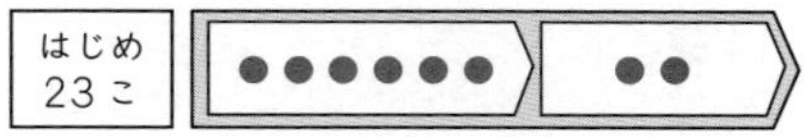

(2)へった　数《かず》を　まとめる　考《かん》え方《かた》で、
しきと　答《こた》えを　かきましょう。
しき　2+6=8
23−8=15

答え（　15こ　）

2 ちゅうりん場《じょう》に　じてん車が　15台《だい》　とまって　います。
そのうち　4台　出て　行《い》きました。
そのあと、さらに　8台が　出て　行きました。
今《いま》、ちゅうりん場に　じてん車は　何台　ありますか。
出て　行った　じてん車の　数を　まとめて　考えましょう。
しき　4+8=12
15−12=3

答え（　3台　）

3 たくやさんは　120円を　もって　買《か》いものに　行きました。
45円の　おかしを　買った　あとに、70円の　ジュースを
買いました。たくやさんの　お金は　何円に　なりましたか。
つかった　お金を　まとめて　考えましょう。
しき　45+70=115
120−115=5

答え（　5円　）

ヒント　3 つかった　分《ぶん》は、45+70で　もとめられるね。

66ページ

1 3人が　家に　帰って、さらに　6人　帰ったので、帰った　人数を　まとめると、へった　分《ぶん》は、
3+6=9(人)です。
これを　はじめに　いた　18人から　ひけば、公園に　今いる　子どもの　人数が　もとめられます。

67ページ

1 へった　数は、
2+6=8(こ)
はじめの　23こから、へった　8こを　ひきます。

2 へった　数は、
4+8=12(台)
はじめの　15台から、へった　12台を　ひきます。

3 へった　数は、
45+70=115(円)
はじめの　120円から、へった　115円を　ひきます。

68 ページ

ぴったり1 じゅんび

34 まとめて　考えて③

学習 68ページ

答え 35ページ

「ふえて　へる」もんだいを　とこう。

ふえたり　へったり　した　数《かず》を　まとめて　考《かんが》えます。

1 花ばたけに　とんぼが　14ひき　います。そこへ　6ぴき　やって　来《き》ました。そのあと　4ひき　とんで　いきました。とんぼは　何《なん》びきに　なりましたか。

ふえたり　へったり　した　とんぼの　数を　まとめて　考えましょう。

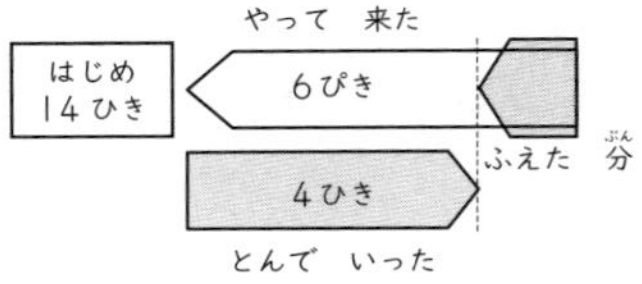

しき　6 − 4 = 2

14 + 2 = 16

答え（　16ぴき　）

2 さくらさんは、おり紙《がみ》を　21まい　もって　いました。きのう　おり紙を　15まい　もらって、きょう　5まい　つかいました。今《いま》、おり紙を　何まい　もって　いますか。

ふえたり　へったり　した　おり紙の　数を　まとめて　考えましょう。

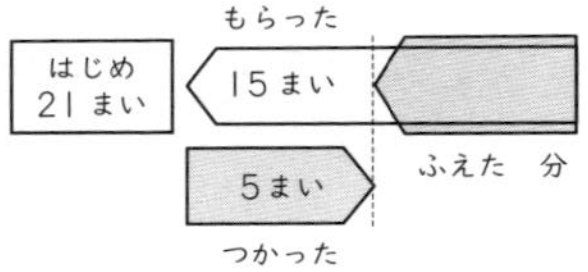

しき　15 − 5 = 10

21 + 10 = 31

答え（　31まい　）

ヒント　**2** ふえたり　へったり　した　数を　さきに　まとめて　計算《けいさん》しよう。ふえた　分は　15−5で　もとめられるね。

69 ページ

ぴったり2 れんしゅう

★できた　もんだいには、「た」を　かこう！　でき 1　でき 2　でき 3

学習 69ページ

答え 35ページ

1 公園《こうえん》に　はとが　21わ　います。そこへ　9わ　やって　来《き》ました。そのあと　3わ　とんで　いきました。はとは　何《なん》わに　なりましたか。

(1)つぎの　図《ず》に　●を　かきましょう。

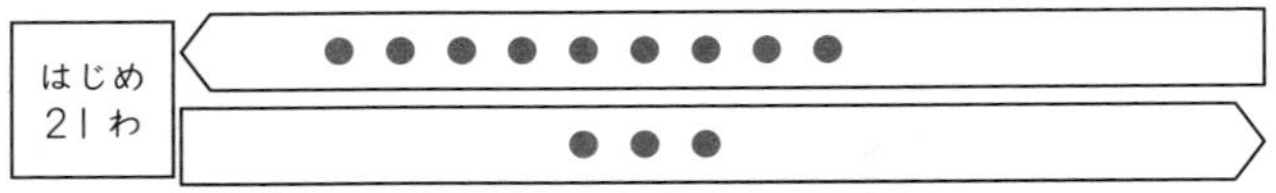

(2)ふえたり　へったり　した　数《かず》を　まとめる　考《かんが》え方《かた》で　しきと　答《こた》えを　かきましょう。

しき　9−3=6

21+6=27

答え（　27わ　）

2 教室《きょうしつ》に　じどうが　12人　います。そこへ　8人　入って　来ました。そのあと　3人　出《で》て　いきました。教室に　いる　じどうは　何人に　なりましたか。ふえたり　へったり　した　じどうの　人数を　まとめて　考えましょう。

しき　8−3=5

12+5=17

答え（　17人　）

3 学きゅう文こに　本が　57さつ　あります。きょう　17さつ　もどって　きました。そのあと　8さつ　かし出しました。本は　何さつに　なりましたか。ふえたり　へったり　した　本の　数を　まとめて　考えましょう。

しき　17−8=9

57+9=66

答え（　66さつ　）

ヒント　**3** ふえた　本の　数は　17−8で　もとめられるね。

68ページ

2 きのう　15まい　もらい、きょう　5まい　つかった　ことから、もらった　まい数の　ほうが　おおいので、おり紙は　ふえたと　考えます。

69ページ

1 ふえたり　へったり　した　数は　9−3=6(わ)です。はじめの　21わと　ふえた　6わを　たします。

2 ふえたり　へったり　した　数は　8−3=5(人)です。はじめの　12人と　ふえた　5人を　たします。

3 ふえたり　へったり　した　数は　17−8=9(さつ)です。はじめの　57さつと　ふえた　9さつを　たします。

35 (　)を　つかった　しき

答え 36ページ

(　)を　つかった　しき

まとめて　たす　ときは　(　)を　つかって　あらわします。
(　)の　中は　さきに　計算《けいさん》します。

1 池《いけ》に　かるがもが　24わ　います。
そこへ　8わ　入って　来《き》ました。
そのあと　2わ　入って　来ました。
かるがもは　何《なん》わに　なりましたか。

何わ　入って　来たかを　まとめて　考《かんが》えて　みましょう。

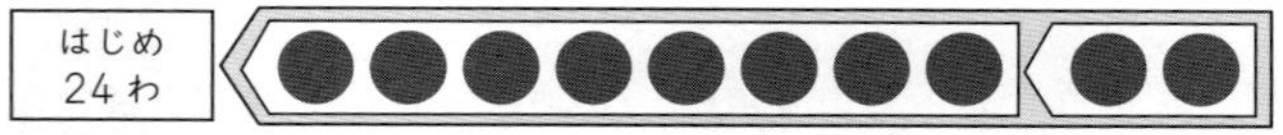

しき　①8 +2= ②10
24+ ③10 = ④34

答え　⑤34 わ

(　)を　つかって　しきに　かいて　もとめましょう。

しき　24+(⑥8 + ⑦2)= ⑧34

答え　⑨34 わ

まとめて　たす ときは　(　)を つかうよ。

ヒント　1 ふえた　かるがもの　数《かず》は　8+2で　もとめられるね。

★できた　もんだいには、「た」を　かこう！　1 でき　2 でき　3 でき

答え 36ページ

1 さるが　37ひき　います。そこへ　6ぴき　やって　来《き》ました。
そのあと、4ひき　やって　来ました。
さるは　何《なん》びきに　なりましたか。
70ページの　1と　同《おな》じ　考《かんが》え方《かた》で、
(　)を　つかって　しきに　かいて　もとめましょう。

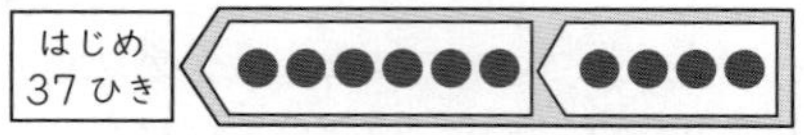

しき　37 +(6 + 4)= 47

答《こた》え(　47ひき　)

2 はるかさんは　ビーズを　25こ　もって　います。
お姉《ねえ》さんから　13こ、お母《かあ》さんから　7こ　もらうと、ビーズは
何こに　なりますか。70ページの　1と　同じ　考え方で、
(　)を　つかって　しきに　かいて　もとめましょう。

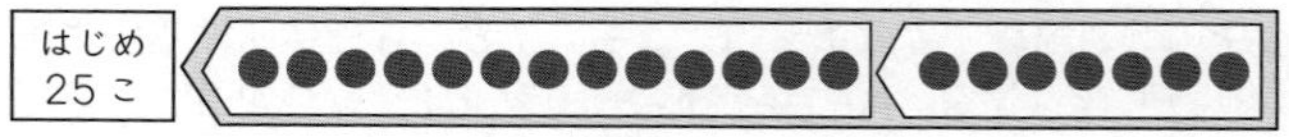

しき　25 +(13 + 7)= 45

答え(　45こ　)

(　)の　中を さきに　計算《けいさん》しよう。

3 ちゅう車場《しゃじょう》に　車が　15台《だい》　とまって　います。8台　ふえた
あと、さらに　5台　ふえました。車は　何台に　なりましたか。
しき　15+(8+5)=28

答え(　28台　)

ヒント　3 車は　8台　ふえて、さらに　5台　ふえたよ。

70ページ

1 (　)の　中は
8+2=10

71ページ

1 ふえた　さるの　数を
まとめて　考えるから、
6+4を　さきに　計算します。

2 もらう　ビーズの　数を
まとめて　考えるから、
13+7を　さきに　計算します。
13+7=20

3 つぎの　ように　かいても
せいかいです。
・8+5=13
15+13=28
・15+8+5=28
・15+8=23
23+5=28

ぴったり1 じゅんび 学習 72ページ

36 ちがいを　みて①

答え 37ページ

「ちがいの　数《かず》を　考《かんが》える」　図《ず》の　かき方《かた》

みかんと　バナナを　買《か》います。
バナナは　90円です。バナナは　みかんより　55円　高《たか》いです。
みかんは　何《なん》円ですか。

（図の　かき方）
①バナナは　90円
②バナナは　みかんより
55円　高い
③みかんの　ねだんは
90−55=35(円)

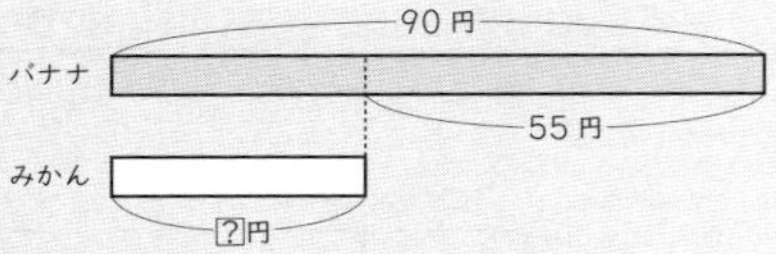

1 まと当《あ》てゲームを　しました。
かおりさんは　38点《てん》で、
ゆきのさんより　3点　多《おお》かった　そうです。
ゆきのさんは　何点　とりましたか。

図を　かいて　考えましょう。

図を　見ると、ゆきのさんの　点数《すう》は、かおりさんより　3点　少《すく》ない　ことが　わかるよ。

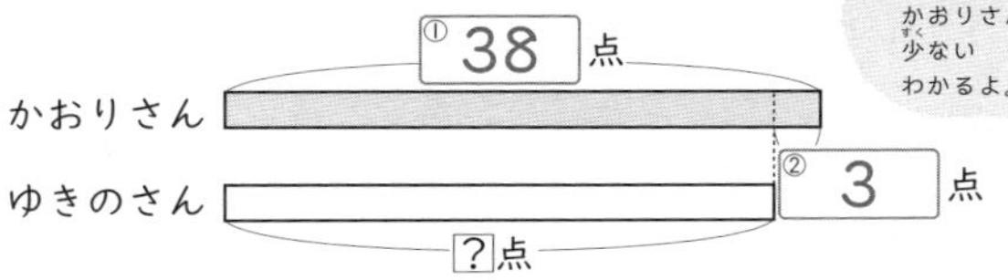

しきと　答《こた》えを　かきましょう。

しき ③ 38 − ④ 3 = ⑤ 35

答え ⑥ 35 点

ヒント **1** もんだいを　よく　読《よ》んで　あてはまる　数を　かこう。

ぴったり2 れんしゅう 学習 73ページ

★できた　もんだいには、「た」を　かこう！　でき ① でき ②

答え 37ページ

1 ゆかさんと　お姉《ねえ》さんは　くりひろいに　行《い》きました。
お姉さんは　32こ　ひろいました。お姉さんは　ゆかさんより
8こ　多《おお》かった　そうです。ゆかさんは　何《なん》こ　ひろいましたか。

(1)つぎの　図《ず》の　□に　あてはまる　数《かず》を　かきましょう。

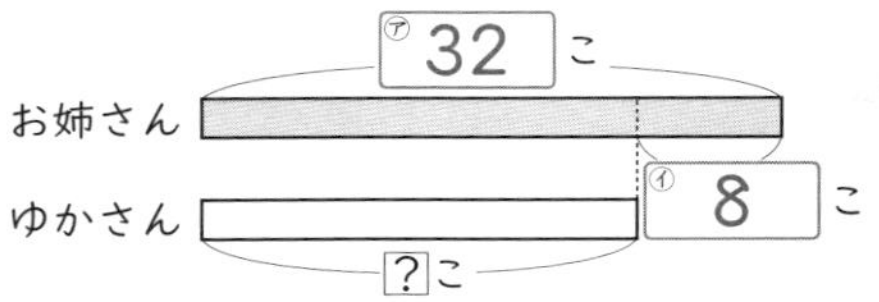

図を　かいて　どちらが　多いか　少《すく》ないかを　考えよう。

(2)しきと　答《こた》えを　かきましょう。
しき　32−8=24

答え（　24こ　）

2 うんどう会《かい》で　玉入れを　しました。白組《ぐみ》は　25こ　入れました。
白組は　赤組より　6こ　多かった　そうです。
赤組は　何こ　入れましたか。
図を　かいて　考えましょう。

図

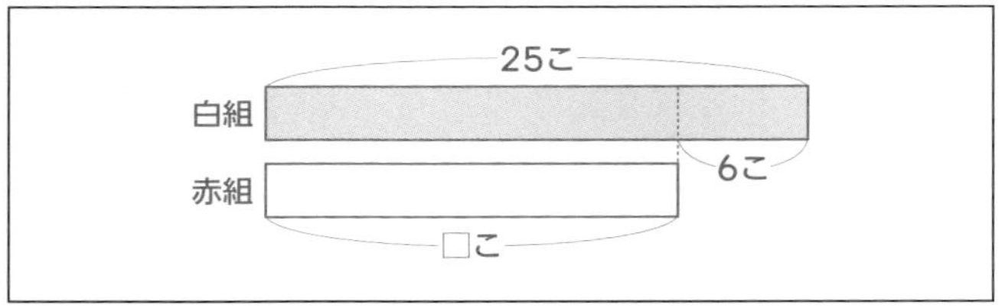

しき　25−6=19

答え（　19こ　）

ヒント **2** 「白組は　赤組より　6こ　多かった」から、赤組の　ほうが　少ない　ことが　わかるね。

72ページ

1 かおりさんの　点数から、点数の　ちがいの　3点を　ひけば、ゆきのさんの　点数が　もとめられます。

73ページ

1 ゆかさんの　ひろった　こ数は　お姉さんの　ひろった　こ数より　少ないので、ひき算です。

2 図は、れいと　同じように　かきましょう。
赤組は　白組より　6こ　少ないので、ひき算です。

おうちのかたへ
「違いの数を考える」問題。図をかくときは、横棒の左端を縦に揃え、それぞれの横棒の長さは、数の大小に大体合わせたものにすると、答えを求めやすくなります。

ぴったり1 じゅんび

37 ちがいを　みて②

学習 74ページ

答え 38ページ

「ちがいの　数《かず》を　考《かんが》える」 図《ず》の　かき方《かた》

白い　リボンと　青い　リボンが　あります。
白い　リボンの　長《なが》さは　25 cm で、白い　リボンは
青い　リボンより　30 cm　みじかい　そうです。
青い　リボンの　長さは　何《なん》cm ですか。

（図の　かき方）
①白い　リボンは　25 cm
②白い　リボンは
青い　リボンより
30 cm　みじかい
③青い　リボンの　長さは
25＋30＝55(cm)

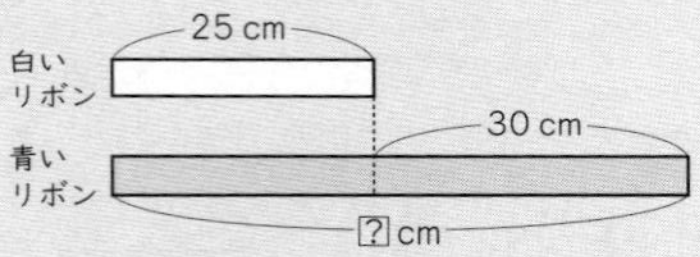

25 cm
白い リボン
30 cm
青い リボン
?cm

1 りょうかさんは　どんぐりを　33 こ　あつめました。
りょうかさんは　じゅんきさんより　6 こ　少《すく》ない　そうです。
じゅんきさんは　何こ　あつめましたか。

図を　かいて　どちらが　多《おお》いか　少ないかを　考えます。
つぎの　図の　□に　あてはまる　数《かず》を　かきましょう。

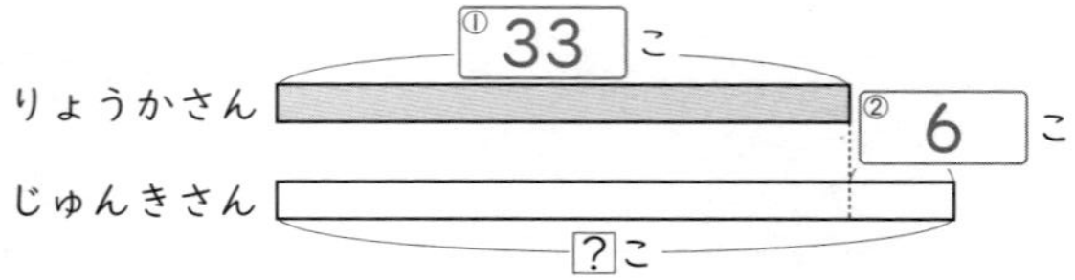

①33 こ
りょうかさん
②6 こ
じゅんきさん
?こ

しきと　答《こた》えを　かきましょう。

しき　③33 ＋ ④6 ＝ ⑤39

答え　⑥39 こ

ヒント **1** もんだいを　よく　読《よ》んで　あてはまる　数を　かこう。

ぴったり2 れんしゅう

★できた　もんだいには、「た」を　かこう！

学習 75ページ

答え 38ページ

1 ノートと　けしゴムを　買《か》います。
けしゴムは、ノートより　25 円　やすいそうです。
けしゴムは　55 円です。ノートは　何《なん》円ですか。
(1)つぎの　図《ず》の　□に　あてはまる　数《かず》を　かきましょう。

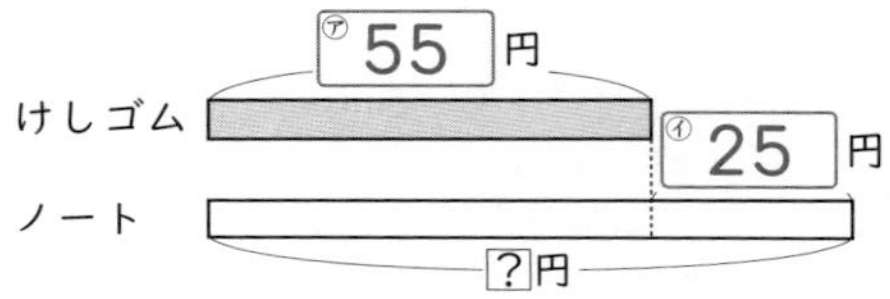

㋐55 円
けしゴム
㋑25 円
ノート
?円

ノートの　ほうが
けしゴムより　高《たか》いから
図も　長《なが》いね。

(2)しきと　答《こた》えを　かきましょう。
しき　55＋25＝80

答え（　80 円　）

2 ぼく場《じょう》では、春《はる》に　子やぎと　子ひつじが　生まれました。
子やぎは　25 ひきで、子やぎは　子ひつじより　8 ぴき
少《すく》ないそうです。子ひつじは　何びき　生まれましたか。
図を　かいて　考《かんが》えましょう。

図

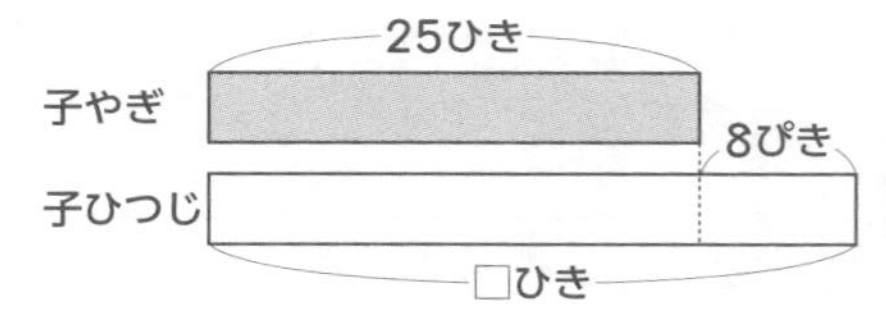

25ひき
子やぎ
8ぴき
子ひつじ
□ひき

しき　25＋8＝33

答え（　33 びき　）

ヒント **2** 「子やぎは　子ひつじより　8 ぴき　少ない」から、子ひつじの　ほうが　多《おお》い　ことが　わかるね。

74ページ

1 りょうかさんの　こ数に
こ数の　ちがいの　6こを
たせば、じゅんきさんの
こ数が　もとめられます。

75ページ

1 ノートは　けしゴムより
高いので、たし算です。

$$\begin{array}{r} 55 \\ +25 \\ \hline 80 \end{array}$$

2 図は、れいと　同じように
かきましょう。
子ひつじは、子やぎより
8ぴき　多いので、たし算
です。

おうちのかたへ
問題文を読んで、どちらが多い、少ないがわかりにくいときは、図をかくとわかりやすいです。図を2本使うと、違いがよくわかります。

ぴったり1
じゅんび
38 なんにん①

76ページ

答え 39ページ

「人や　ものが　いくつ」の　もんだいを　とこう。

人や　ものが　何番目《なんばんめ》に　ならんで　いるかや
ぜんぶで　いくつかを、図《ず》を　つかって　考《かんが》えます。

1 きゅう食室《しょくしつ》の　前《まえ》に　じどうが　ならんで　います。
ゆうきさんの　前に　4人、後《うし》ろに　6人　います。
ぜんぶで　何人　ならんで　いますか。

図を　みて　考えましょう。

前に　いる　4人と　後ろに　いる　6人と
ゆうきさんの　1人を　たして　①11 人。

図を　かいて　考えよう。
ゆうきさんの　分《ぶん》の
1を　たしわすれない
ように　ちゅういしよう。

たし算《ざん》の　しきに　かいて　考えましょう。

しき　② 4 ＋ ③ 6 ＋ ④ 1 ＝ ⑤ 11

答え　⑥ 11 人

2 クラスの　女子が、1れつに　ならんで　います。
さくらさんの　前には　8人、後ろには　5人　います。
ぜんぶで　何人　ならんで　いますか。

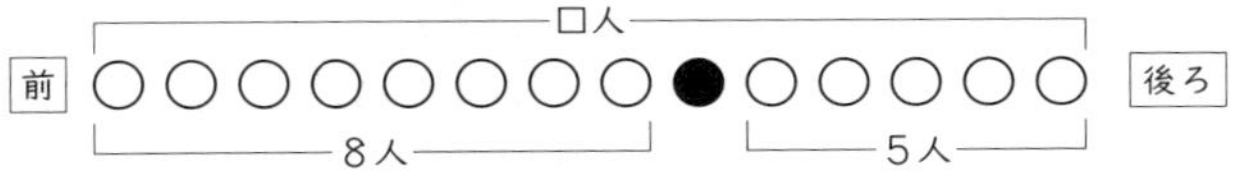

しき　8＋5＋1＝14

答え（　14人　）

ヒント　2 ●の　人を　たすのを　わすれないように　しよう。

ぴったり2
れんしゅう

77ページ

★できた　もんだいには、「た」を　かこう！
1 でき　2 でき

答え 39ページ

1 どうぶつ園《えん》の　入口で　人が　ならんで　います。
はるきさんの　前《まえ》に　7人、後《うし》ろに　10人　います。
ぜんぶで　何人《なん》　ならんで　いますか。
(1)図《ず》を　かいて　考《かんが》えましょう。
はるきさんの　ばしょの　○を　ぬりましょう。

図

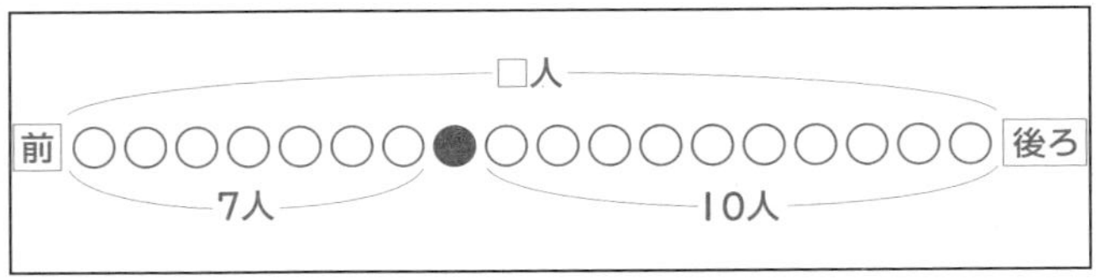

(2)しきと　答《こた》えを　かきましょう。
しき　7＋10＋1＝18

答え（　18人　）

2 お店《みせ》の　レジの　前で　人が　ならんで　います。
たくみさんの　前には　3人、後ろには　4人　ならんで　います。
ぜんぶで　何人　ならんで　いますか。
図を　かいて　考えましょう。

図

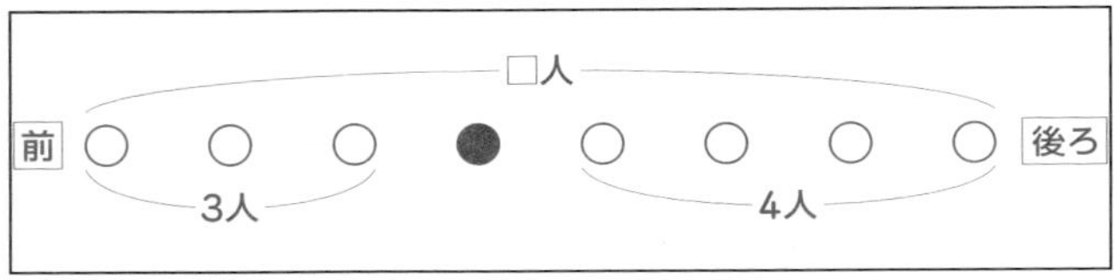

しき　3＋4＋1＝8

答え（　8人　）

ヒント　2 たくみさんの　分《ぶん》の　1を　たすのを　わすれないように　しよう。

76ページ

1 ゆうきさんの　前《まえ》に　4人、後《うし》ろに　6人　ならんでいるので、ゆうきさん　いがいで　ならんでいる　人数は、4＋6＝10(人)
これに　ゆうきさんの　1人を　たすと　考えます。

77ページ

1 (1)図は、れいと　同じように　かきましょう。
(2)はるきさんの　分《ぶん》の　1を　たすのを　わすれないように　しましょう。

2 図は、れいと　同じように　かきましょう。

おうちのかたへ
列全体の人数を求めるとき、基準になる人の前と後ろの人数をたすことは理解していても、最後に基準となる人の分をたし忘れてしまいがちです。基準となる人の分の1もたし忘れないように注意させましょう。

ぴったり1 じゅんび

39 なんにん②

78ページ

答え 40ページ

「人や ものが いくつ」の もんだいを とこう。

人や ものが 何番目《なんばんめ》に ならんで いるかや、ぜんぶで いくつかを、図《ず》を つかって 考《かんが》えます。

1 えいがかんに 15人が 1れつに ならんで います。
ともきさんの 前《まえ》には 6人 います。
ともきさんの 後《うし》ろには 何人 いますか。

図を みて 考えましょう。

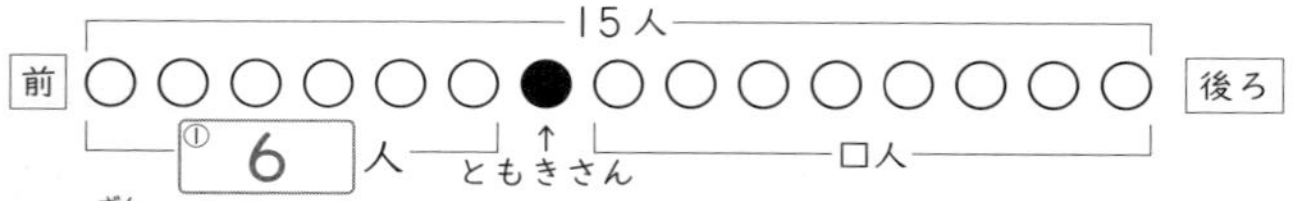

ひき算《ざん》の しきに かいて 考えましょう。

しき 15−②6−1=③8

答え ④8人

2 じてん車が 12台《だい》 ならんで います。そうたさんの じてん車が 左から 5番目に あります。この そうたさんの じてん車は 右から 数《かぞ》えると 何番目に なりますか。

図を みて 考えましょう。

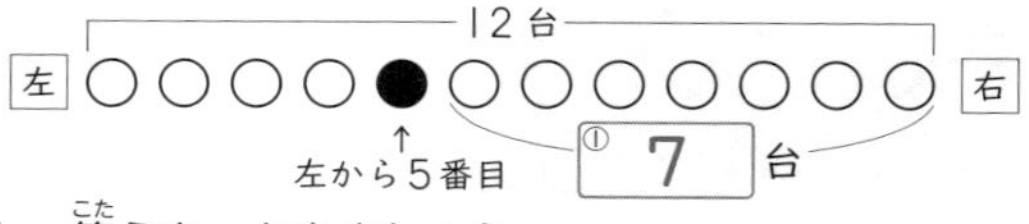

しきと 答《こた》えを かきましょう。

しき 12−5=②7
③7+1=④8

答え ⑤8番目

ヒント **2** そうたさんの じてん車の 右には 7台の じてん車が あるよ。

ぴったり2 れんしゅう

79ページ

★できた もんだいには、「た」を かこう！ 1 2

答え 40ページ

1 はくぶつかんの 入口で 12人が ならんで います。
ゆいさんの 前《まえ》には 4人 ならんで います。
ゆいさんの 後《うし》ろには 何《なん》人 いますか。

(1)図《ず》を かいて 考《かんが》えましょう。ゆいさんの ばしょの ○を ぬりましょう。

図

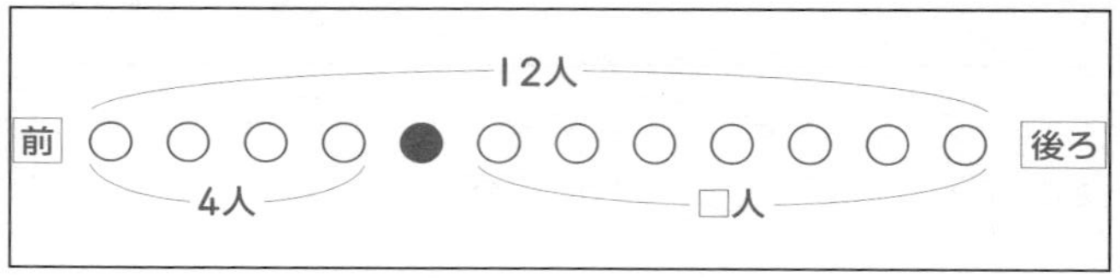

(2)しきと 答《こた》えを かきましょう。

しき 12−4−1=7

答え（ 7人 ）

2 かべに、絵《え》が 13まい 1れつに ならべて はられて います。
はるなさんの 絵が 右から 3番《ばん》目に あります。
はるなさんの 絵は、左から 数《かぞ》えると 何番目に なりますか。
図を かいて 考えましょう。

図

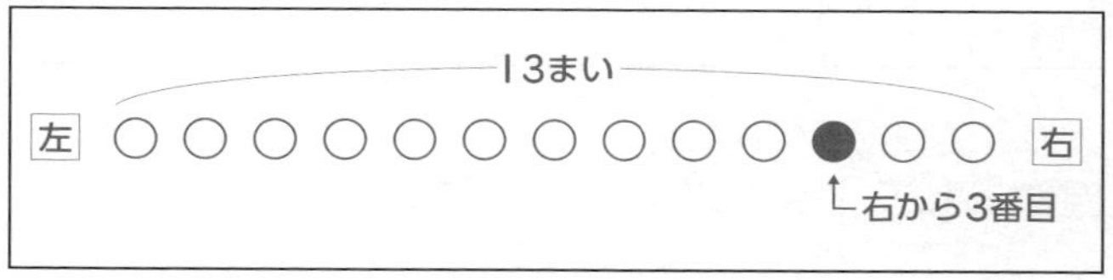

しき 13−3=10
10+1=11

答え（ 11番目 ）

ヒント **2** ○を かいたあと、はるなさんの 絵の ばしょが わかるように ●で あらわそう。

78ページ

1 ともきさんの 前《まえ》に 6人いるので、れつの いちばん 前から ともきさんまでは、6+1=7(人)いると 考えます。
れつの ぜんたいの 人数15人から 7人を ひけば、後《うし》ろの 人数が もとめられます。

2 そうたさんの じてん車は左から 5番目なので、いちばん 左から そうたさんの じてん車までは 5台あると 考えます。
そうたさんの じてん車の右に ならんでいる 台数は、12−5=7(台)に なるので、右から数えると7+1=8(番目)です。

79ページ

1 (1)図は、れいと 同じ ように かきましょう。
(2)ゆいさんの 分《ぶん》の 1を ひきわすれないように しましょう。

2 図は、れいと 同じ ように かきましょう。

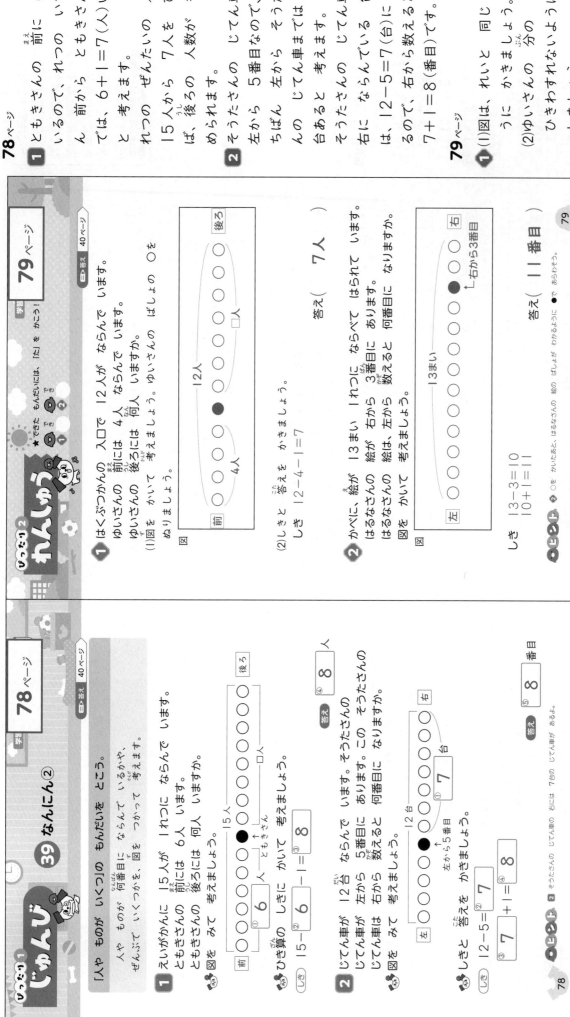

ぴったり3

たしかめのテスト　2年生の　まとめ

80ページ

時間 20 分　/100　ごうかく 70 点

答え 41ページ

1 バスに　26人　のって　います。あとから　7人　のって　きました。
ぜんぶで　何人《なん》　のって　いますか。　しき・答え　1つ8点(16点)

しき　26＋7＝33

答《こた》え(　33人　)

2 長《なが》さ　20cm7mmの　テープと　13cmの　テープを　あわせると　何cm何mmに　なりますか。　しき・答え　1つ8点(16点)

しき　20cm7mm＋13cm
　＝33cm7mm

答え(　33cm7mm　)

3 1L2dLの　ジュースが　入って　いる　ペットボトルが　あります。
2dLを　コップに　つぐと、のこりは　どれだけに　なりますか。　しき・答え　1つ8点(16点)

しき　1L2dL－2dL＝1L

答え(　1L　)

4 子どもが　6人　います。
1人に　4まいずつ　色紙《いろがみ》を　くばるには、色紙は　何まい　ひつようですか。　しき・答え　1つ8点(16点)

しき　4×6＝24

答え(24まい)

5 はじめに　すずめが　18わ　とまって　います。
そこへ　8わ　とんで　来《き》ました。そのあと　5わ　とんで　来ました。
すずめは　今《いま》、何わ　いますか。　しき・答え　1つ9点(18点)

しき　8＋5＝13
　18＋13＝31

答え(　31わ　)

6 色紙を　10まい　もって　います。友《とも》だちに　何まいか　もらったので、ぜんぶで　23まいに　なりました。
何まい　もらいましたか。　しき・答え　1つ9点(18点)

しき　23－10＝13

答え(13まい)

80ページ

1 バスに　のる　人が　ふえたので、たし算です。

2「あわせると」と　あるので、たし算です。長さは　同じ　たんいの　ところを　たします。

3 ついだ　あとの　ジュースの　かさなので、ひき算です。

4 4まいの　6人分で、4×6です。

5 ふえた　数を、さきに　まとめて　計算します。

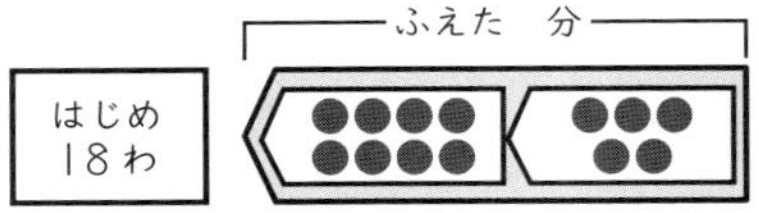

はじめ 18わ
ふえた 分

しきは、
・18＋8＝26、
　26＋5＝31
・18＋(8＋5)＝31
としても　せいかいです。

6 図を　かいて　考えると、わかりやすいです。

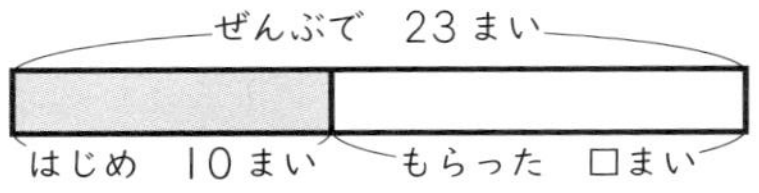

ぜんぶで　23まい
はじめ　10まい
もらった　□まい

2年 チャレンジテスト①

月　日
名前

時間 40分
ごうかく70点
/100
答え42ページ

1 計算《けいさん》を　しましょう。　1つ3点(12点)

① 42 +37 = 79　　② 55 +95 = 150

③ 49 −14 = 35　　④ 143 − 65 = 78

2 今《いま》の　時《じ》こくは　7時　50分《ぷん》です。　1つ4点(8点)

① 30分前《まえ》の　時こくは　何時何分《なん》ですか。

答《こた》え（ 7時 20分 ）

② 40分あとの　時こくは　何時何分ですか。

答え（ 8時 30分 ）

3 はじめに　おり紙《がみ》を　25まい　もって　いました。お姉《ねえ》さんから　18まい　もらうと、ぜんぶで　何まいに　なりますか。　1つ3点(12点)

① つぎの　図《ず》の　□に　あてはまる　数《かず》を　かきましょう。

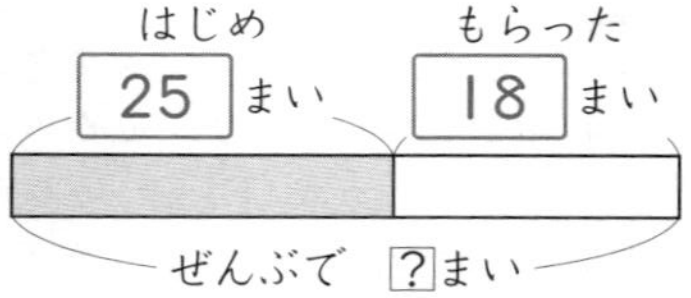

はじめ
25 まい
もらった
18 まい
ぜんぶで ?まい

② しき　25+18=43

答え（ 43まい ）

4 電車《でんしゃ》に　52人　のって　います。えきで　16人　おりました。何人　のこって　いますか。　1つ3点(12点)

① つぎの　図の　□に　あてはまる　数を　かきましょう。

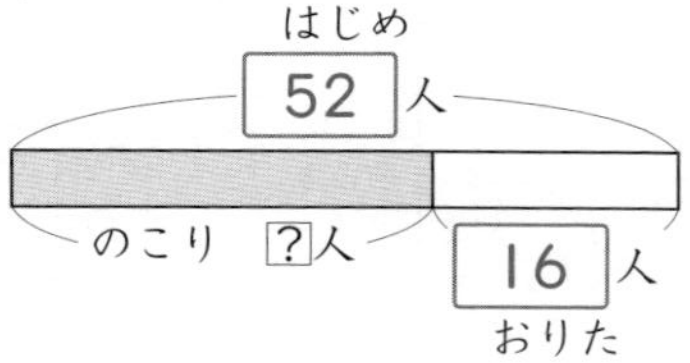

はじめ
52 人
のこり ?人
16 人
おりた

② しき　52−16=36

答え（ 36人 ）

5 はこの　中に　赤い　ボールが　74こ、白い　ボールが　59こ　入って　います。どちらの　ほうが　何こ　多《おお》く　入って　いますか。　1つ3点(12点)

① つぎの　図の　□に　あてはまる　数を　かきましょう。

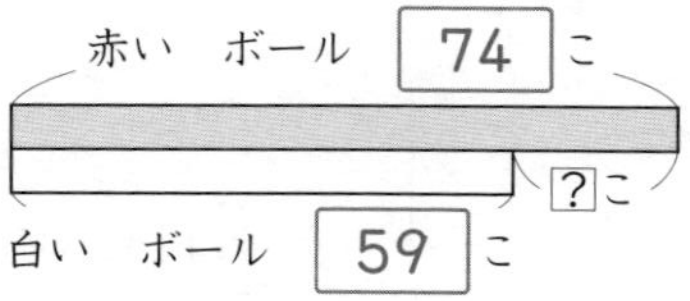

赤い　ボール
74 こ
?こ
白い　ボール
59 こ

② しき　74−59=15

答え（ 赤い　ボールが　15こ　多く　入って　いる。 ）

●うらにも　もんだいが　あります。

チャレンジテスト①　おもて

1 ① 42 +37 → 42 +37 = 9 → 42 +37 = 79

くらいを　たてに　そろえて　かく。　一のくらいを　たす。　十のくらいを　たす。

② 55 +95 → 55 +95 = 0（1くり上がり） → 55 +95 = 150

くらいを　たてに　そろえて　かく。　一のくらいを　たす。　十のくらいを　たす。

③ 49 −14 → 49 −14 = 5 → 49 −14 = 35

くらいを　たてに　そろえて　かく。　一のくらいを　ひく。　十のくらいを　ひく。

④ 143 −65 → 143 −65 = 8（十のくらい 3） → 143 −65 = 78

くらいを　たてに　そろえて　かく。　3から　5は　ひけないので　十のくらいから　1　くり下げる。　百のくらいから　1　くり下げる。

2 長《なが》い　はりが　ひとまわりする　時間《じかん》が、1時間です。
長い　はりが　ひとまわりの　半分《はんぶん》では、30分《ぷん》です。

①7時50分の　30分前《まえ》は、50−30=20より、7時20分に　なります。

②7時50分の　40分あとの　時こくは、分《わ》けて　かんがえます。
40=10+30で、まず　10分後が　8時に　なります。
さらに　30分後なので、8時30分に　なります。

3 ②18まい　もらうので、たし算《ざん》に　なります。

4 ②のこりを　もとめるので、ひき算に　なります。

5 ②ちがいを　もとめるので、ひき算に　なります。数《かず》が　多《おお》い　ボールは　どちらかを　かくにん　しましょう。

6 12 cmの　長《なが》さの　ぼうと　70 mmの　長さの　ぼうを　ならべます。長さは　あわせて　どれだけですか。　しき・答え 1つ4点(8点)

しき　(70 mm＝7 cm)
12 cm＋7 cm＝19 cm

答え（　19 cm　）

7 テーブルの　たての　長さは　86 cm 7 mmです。よこの　長さは　63 cmです。たてと　よこの　長さの　ちがいは　どれだけですか。　しき・答え 1つ4点(8点)

しき　86 cm 7 mm－63 cm
＝23 cm 7 mm

答え（　23 cm 7 mm　）

8 8Lの　お茶《ちゃ》と　60 dLの　ジュースが　あります。かさは　あわせて　どれだけですか。　しき・答え 1つ4点(8点)

しき　(60 dL＝6 L)
8 L＋6 L＝14 L

答え（　14 L　）

9 4 L 7 dLの　牛《ぎゅう》にゅうが　あります。2 L　のむと　のこりは　どれだけですか。　しき・答え 1つ4点(8点)

しき　4 L 7 dL－2 L＝2 L 7 dL

答え（　2 L 7 dL　）

10 ひとみさんの　クラスで　すきな　色《いろ》に　ついて　しらべました。

赤	みどり	青	黄色	黄色	青
黄色	赤	みどり	白	青	黄色
青	みどり	青	みどり	黄色	白
白	黄色	みどり	赤	黄色	赤
青	赤	みどり	黄色	青	黄色

1つ4点(12点)

① 下の　ひょうに　人数《にんずう》を　かきましょう。

色	赤	青	黄色	みどり	白
人数(人)	5	7	9	6	3

② ●を　つかって　下の　グラフに　かきましょう。

すきな　色　しらべ

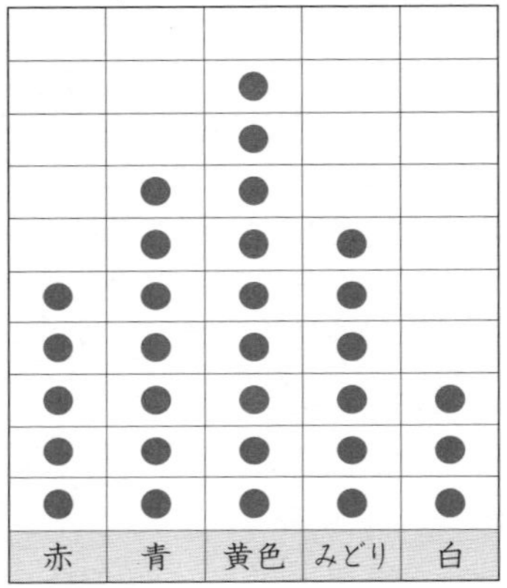

③ すきな　人が　いちばん　多い　色は　何色ですか。

答え（　黄色　）

チャレンジテスト①　うら

6 12 cmと　70 mmは　たんいが　ちがうので、70 mmを　7 cmに　なおしてから　たし算《さん》を　します。

7 cmと　mmが　まざった　長《なが》さの　ひき算です。同《おな》じ　たんいどうしで　ひき算を　するので、「cm」の　ついた「86 cm－63 cm」を　計算《けいさん》します。

8 8 Lと　60 dLは　たんいが　ちがうので、60 dLを　Lの　たんいに　なおしてから　たし算を　します。

9 Lと　dLが　まざった　かさの　ひき算です。同じ　たんいどうしで　ひき算を　するので、「L」の　ついた「4 L－2 L」を　計算します。

10 ①数《かぞ》えまちがえを　しないように、色《いろ》の　名前《なまえ》に　しるしを　つけながら　数《かず》を　かいて　いきましょう。

②①の　ひょうに　かいた数と、グラフの　●の　数が　同じに　なるように、グラフに　●を　かいて　いきます。

③②の　グラフで　●の　数が　いちばん　多《おお》い　「黄色《きいろ》」を　えらびます。

①の　ひょうに　かいた　数で　くらべても　もとめる　ことが　できます。

2年　チャレンジテスト②

名前　　月　日

時間 40分　ごうかく70点　／100

答え44ページ

1 計算《けいさん》を　しましょう。　1つ2点(12点)

① 78 + 29 = 107　　② 126 − 47 = 79

③ 49 + 32 + 59 = 140　　④ 6×7= 42

⑤ 4×9= 36

⑥ 8×5= 40

2 1はこに　クッキーが　6まいずつ　入っています。5はこでは、クッキーは　何《なん》まい　ありますか。　しき・答え 1つ3点(6点)

しき　6×5=30

答《こた》え（ 30 まい ）

3 1人に　5本ずつ　えんぴつを　くばります。8人に　くばると、えんぴつは　何本　いりますか。　しき・答え 1つ3点(6点)

しき　5×8=40

答え（ 40 本 ）

4 算数《さんすう》の　もんだいを　ときます。月曜日《ようび》から　金曜日までは　1日に　7もんずつ　ときました。土曜日は　13もん　ときました。ぜんぶで　何もん　ときましたか。　しき・答え 1つ3点(6点)

しき　7×5=35
35+13=48

答え（ 48 もん ）

5 1ふくろ　6こ入りの　チョコレートが　9ふくろ　あります。そのうち　15こを　たべました。のこりは　何こですか。　しき・答え 1つ3点(6点)

しき　6×9=54
54−15=39

答え（ 39 こ ）

6 2本の　テープが　あります。赤い　テープの　長《なが》さは　45cm5mm、青い　テープの　長さは　31cm　です。2本の　テープを　あわせると　長さは　どれだけですか。　しき・答え 1つ3点(6点)

しき　45cm5mm+31cm
=76cm5mm

答え（ 76cm5mm ）

7 12cm6mmの　紙《かみ》テープが　あります。ここから、6mmを　切《き》りとりました。のこりの　長さは　どれだけですか。　しき・答え 1つ3点(6点)

しき　12cm6mm−6mm
=12cm

答え（ 12cm ）

●うらにも　もんだいが　あります。

チャレンジテスト②　おもて

1 ①

78 + 29 → 78 + 29 = …7 → 78 + 29 = 107

くらいを　たてに　そろえて　かく。

一のくらいを　たして　十のくらいに　1　くり上げる。

十のくらいを　たす。

②

126 − 47 → 126 − 47 = …9 → 126 − 47 = 79

くらいを　たてに　そろえて　かく。

6から　7は　ひけないので、十のくらいから　1　くり下げる。

百のくらいから　1　くり下げる。

③2だんの　ときと　同《おな》じで、くらいを　そろえて　3だんに　かくと、1つの　ひっ算《さん》で　もとめる　ことが　できます。

49 + 32 + 59 = 140

2 はこに　6まいずつ　入った　クッキーの　はこが　5はこ分《ぶん》で、6×5に　なります。

3 1人に　5本ずつ　くばる　えんぴつが　8人分で、5×8に　なります。

4 月曜日《ようび》から　金曜日まで　5日だから、7もんの　5日分で、7×5=35です。これに　土曜日の　13もんを　たします。

5 1ふくろ　6こ入りの　チョコレート　9ふくろ分で、6×9=54です。ここから　15こを　ひくと　のこりの　こ数《すう》に　なります。

6 cmと　mmが　まざった　長《なが》さの　たし算《ざん》です。同《おな》じ　たんいどうしで　たし算を　するので、「cm」の　ついた　「45cm+31cm」を　計算《けいさん》します。

7 cmと　mmが　まざった　長さの　ひき算です。同じ　たんいどうしで　ひき算するので、「mm」の　ついた　「6mm−6mm」を　計算します。

8 ちゅう車場《しゃじょう》に　車が　45台《だい》　と　まって　います。何台か　来《き》たので、車は　61 台に　なりました。何台　来ましたか。　しき・答え 1つ3点(6点)

しき　61−45＝16

答え（　16 台　）

9 はるとさんは　買《か》いものに　行《い》きました。35 円の　おかしを　買ったら　のこりが　88 円に　なりました。はるとさんは　はじめ　何円　もっていましたか。　しき・答え 1つ3点(6点)

しき　88＋35＝123

答え（　123 円　）

10 公園《こうえん》に　子どもが　67 人　います。26 人が　来て、さらに　15 人が　来ました。子どもは　何人に　なりましたか。　しき・答え 1つ3点(6点)

しき　67＋26＋15＝108

答え（　108 人　）

11 まおさんは　シールを　47 まい　もっています。お兄《にい》さんから　21 まい　もらい、お姉《ねえ》さんから　8 まい　もらいました。シールは　何まいに　なりましたか。　しき・答え 1つ3点(6点)

しき　47＋21＋8＝76

答え（　76 まい　）

12 ゆいさんと　お姉さんは　おり紙《がみ》を　もらいました。お姉さんは　34 まい　もらいました。お姉さんは　ゆいさんより　7 まい　多く　もらったそうです。ゆいさんは　何まい　もらいましたか。　しき・答え 1つ3点(6点)

しき　34−7＝27

答え（　27 まい　）

13 えんぴつと　ボールペンを　買います。えんぴつは　ボールペンより　35 円　やすいです。えんぴつは　95 円です。ボールペンは　何円ですか。　しき・答え 1つ3点(6点)

しき　95＋35＝130

答え（　130 円　）

14 あきらさんの　前《まえ》に　6 人、後《うし》ろに　7 人　ならんで　います。ならんで　いる　人は　ぜんぶで　何人ですか。　しき・答え 1つ4点(8点)

しき　6＋7＋1＝14

答え（　14 人　）

15 18 人が　1 れつに　ならんで　います。みさきさんの　前には　9 人　ならんで　います。みさきさんの　後ろには　何人　ならんで　いますか。　しき・答え 1つ4点(8点)

しき　18−9−1＝8

答え（　8 人　）

チャレンジテスト②　うら

8 来《き》た　数《かず》を　もとめるので、ひき算《ざん》です。

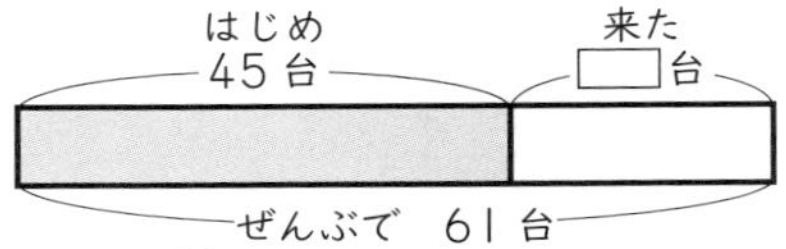
はじめ
45 台
来た
□台
ぜんぶで　61 台

9 へる　前《まえ》の　数を　もとめるので、たし算です。

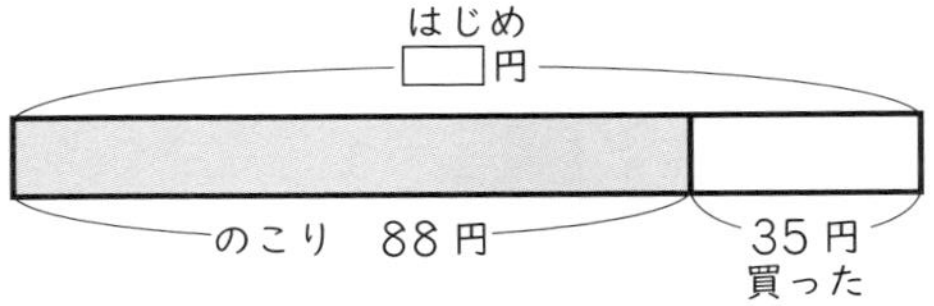
はじめ
□円
のこり　88 円
35 円
買った

10 ひっ算は、右の　ように　なります。

$$\begin{array}{r} {}^{1} \\ 67 \\ 26 \\ +15 \\ \hline 108 \end{array}$$

11 図《ず》に　かくと、つぎの　ように　なります。

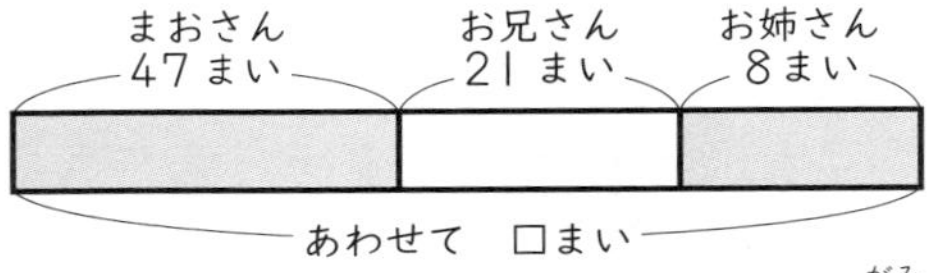
まおさん
47 まい
お兄さん
21 まい
お姉さん
8 まい
あわせて　□まい

12 ゆいさんが　もっている　おり紙《がみ》と　お姉《ねえ》さんの　もらった　おり紙の　まい数《すう》の　ちがいを　考《かんが》えるので、ひき算です。

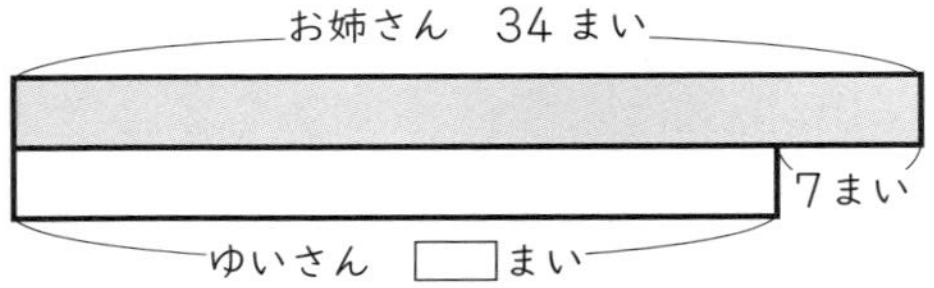
お姉さん　34 まい
7 まい
ゆいさん　□まい

13 えんぴつの　ねだんに　35 円を　たせば、ボールペンの　ねだんが　もとめられます。

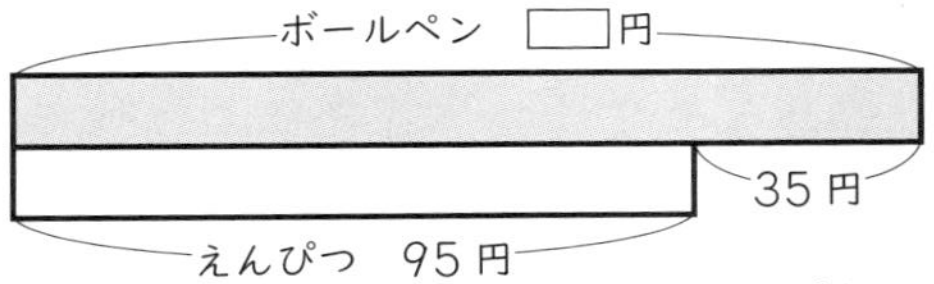
ボールペン　□円
35 円
えんぴつ　95 円

14 あきらさんの　前に　6 人、後《うし》ろに　7 人　ならんで　いるので、人数《にんずう》は、6＋7＋1＝14 で　もとめられます。

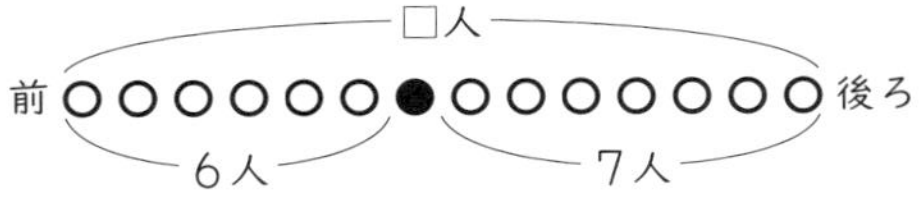
□人
前
後ろ
6 人
7 人

15 みさきさんの　前に　9 人　いるので、れつの　いちばん　前から　みさきさんまでは、9＋1＝10(人)で　もとめられます。

れつの　ぜんたいの　人数の　18 人から　10 人を　ひけば、後ろの　人数が　もとめられます。

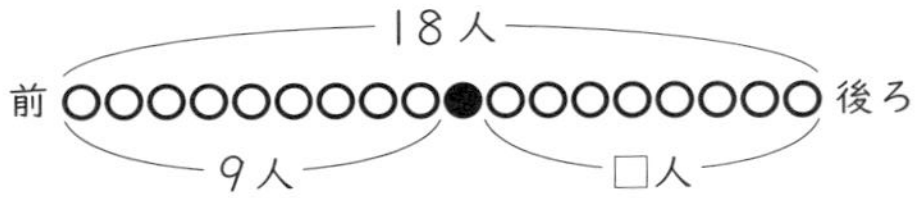
18 人
前
後ろ
9 人
□人

メモ

メモ

ふろく　とりはずしておつかいください。

文章題スタートアップドリル

2年

このドリルをつかって
１年生で学しゅうした
けいさんもんだいに
とりくもう。

年　　くみ

1 10までの　たし算《ざん》

★できた　もんだいには、「た」を　かこう！

1 できた　2 でき

1 つぎの　計算《けいさん》を　しましょう。

月　　日

① 1+2=□　② 2+6=□

③ 7+3=□　④ 5+5=□

⑤ 4+1=□　⑥ 3+5=□

⑦ 2+3=□　⑧ 1+7=□

⑨ 4+0=□　⑩ 8+0=□

2 つぎの　計算を　しましょう。

月　　日

① 5+2=□　② 1+3=□

③ 2+8=□　④ 6+3=□

⑤ 1+5=□　⑥ 4+4=□

⑦ 4+6=□　⑧ 8+1=□

⑨ 0+6=□　⑩ 0+0=□

2　10までの　ひき算《ざん》

★できた　もんだいには、「た」を　かこう！

1 でき　2 でき

1　つぎの　計算《けいさん》を　しましょう。

月　　日

① 8−5＝□　　② 10−3＝□

③ 6−1＝□　　④ 8−6＝□

⑤ 10−2＝□　　⑥ 7−5＝□

⑦ 9−6＝□　　⑧ 5−2＝□

⑨ 1−0＝□　　⑩ 8−0＝□

2　つぎの　計算を　しましょう。

月　　日

① 5−4＝□　　② 10−7＝□

③ 3−1＝□　　④ 7−6＝□

⑤ 8−4＝□　　⑥ 6−3＝□

⑦ 4−3＝□　　⑧ 6−4＝□

⑨ 3−0＝□　　⑩ 0−0＝□

3 3つの かずの 計算《けいさん》①

★できた もんだいには、「た」を かこう！

1 でき　2 でき

1 つぎの 計算を しましょう。

月　日

① 5＋1＋2＝□　② 2＋2＋3＝□

③ 1＋6＋1＝□　④ 7＋3＋4＝□

⑤ 2＋8＋6＝□　⑥ 7－2－1＝□

⑦ 9－5－2＝□　⑧ 10－6－2＝□

⑨ 18－8－4＝□　⑩ 12－2－3＝□

2 つぎの 計算を しましょう。

月　日

① 7－2＋4＝□　② 4－1＋4＝□

③ 10－5＋4＝□　④ 12－2＋9＝□

⑤ 18－5＋3＝□　⑥ 3＋6－7＝□

⑦ 2＋4－3＝□　⑧ 1＋9－3＝□

⑨ 10＋7－4＝□　⑩ 12＋7－6＝□

4　3つの　かずの　計算《けいさん》②

★できた　もんだいには、「た」を　かこう！

1 でき　2 でき

1 つぎの　計算を　しましょう。

月　日

① 4＋1＋4＝

② 2＋3＋3＝

③ 5＋5＋5＝

④ 4＋6＋3＝

⑤ 9＋1＋7＝

⑥ 8−3−3＝

⑦ 9−4−1＝

⑧ 10−5−2＝

⑨ 16−6−5＝

⑩ 17−7−6＝

2 つぎの　計算を　しましょう。

月　日

① 9−6＋5＝

② 6−2＋1＝

③ 10−6＋4＝

④ 14−4＋5＝

⑤ 17−6＋1＝

⑥ 4＋4−6＝

⑦ 6＋2−1＝

⑧ 7＋3−2＝

⑨ 10＋4−1＝

⑩ 14＋3−5＝

5 くり上がりの　ある たし算《ざん》①

★できた　もんだいには、「た」を　かこう！

でき 1　でき 2

1 つぎの　計算《けいさん》を　しましょう。　　月　　日

① 9＋5＝□　　② 6＋5＝□

③ 8＋7＝□　　④ 7＋4＝□

⑤ 9＋8＝□　　⑥ 3＋9＝□

⑦ 7＋7＝□　　⑧ 5＋8＝□

⑨ 9＋3＝□　　⑩ 6＋9＝□

2 つぎの　計算を　しましょう。　　月　　日

① 2＋9＝□　　② 7＋5＝□

③ 6＋7＝□　　④ 4＋9＝□

⑤ 8＋6＝□　　⑥ 5＋9＝□

⑦ 8＋3＝□　　⑧ 9＋6＝□

⑨ 8＋8＝□　　⑩ 9＋2＝□

6 くり上がりの　ある　たし算《ざん》②

★できた　もんだいには、「た」を　かこう！

1 でき　2 でき

1 つぎの　計算《けいさん》を　しましょう。

月　　日

① $9+9=\square$　　② $5+7=\square$

③ $8+6=\square$　　④ $3+8=\square$

⑤ $6+5=\square$　　⑥ $7+6=\square$

⑦ $9+8=\square$　　⑧ $4+8=\square$

⑨ $7+4=\square$　　⑩ $5+9=\square$

2 つぎの　計算を　しましょう。

月　　日

① $6+8=\square$　　② $8+9=\square$

③ $8+4=\square$　　④ $4+9=\square$

⑤ $9+3=\square$　　⑥ $5+6=\square$

⑦ $7+7=\square$　　⑧ $9+2=\square$

⑨ $8+3=\square$　　⑩ $4+7=\square$

7 くり下がりの　ある ひき算《ざん》①

★できた　もんだいには、「た」を　かこう！

1 でき　2 でき

1 つぎの　計算《けいさん》を　しましょう。

月　日

① 15−8＝

② 11−3＝

③ 13−5＝

④ 12−6＝

⑤ 15−7＝

⑥ 12−4＝

⑦ 13−8＝

⑧ 16−8＝

⑨ 11−4＝

⑩ 12−8＝

2 つぎの　計算を　しましょう。

月　日

① 17−8＝

② 14−9＝

③ 11−7＝

④ 12−9＝

⑤ 13−6＝

⑥ 11−2＝

⑦ 15−9＝

⑧ 12−7＝

⑨ 14−6＝

⑩ 16−7＝

8 くり下がりの　ある　ひき算《ざん》②

★できた　もんだいには、「た」を　かこう！

1 でき　2 でき

1 つぎの　計算《けいさん》を　しましょう。

月　　日

① 18－9＝□　　② 12－5＝□

③ 17－8＝□　　④ 12－6＝□

⑤ 13－7＝□　　⑥ 16－9＝□

⑦ 11－3＝□　　⑧ 13－8＝□

⑨ 15－6＝□　　⑩ 14－8＝□

2 つぎの　計算を　しましょう。

月　　日

① 13－5＝□　　② 12－9＝□

③ 14－7＝□　　④ 11－7＝□

⑤ 17－9＝□　　⑥ 12－4＝□

⑦ 11－5＝□　　⑧ 15－8＝□

⑨ 14－9＝□　　⑩ 11－6＝□

9 いろいろな　たし算《ざん》①

★できた　もんだいには、「た」を　かこう！

でき 1　でき 2

1 つぎの　計算《けいさん》を　しましょう。

月　日

① 50＋20＝□　② 10＋70＝□

③ 60＋40＝□　④ 30＋30＝□

⑤ 80＋10＝□　⑥ 20＋60＝□

⑦ 40＋50＝□　⑧ 70＋20＝□

⑨ 90＋10＝□　⑩ 30＋40＝□

2 つぎの　計算を　しましょう。

月　日

① 60＋2＝□　② 20＋5＝□

③ 30＋8＝□　④ 90＋6＝□

⑤ 50＋7＝□　⑥ 70＋1＝□

⑦ 80＋8＝□　⑧ 40＋9＝□

⑨ 20＋3＝□　⑩ 60＋4＝□

10 いろいろな　たし算《ざん》②

★できた　もんだいには、「た」を　かこう！

1 でき　2 でき

1 つぎの　計算《けいさん》を　しましょう。

月　日

① 36＋1＝□　② 53＋6＝□

③ 82＋2＝□　④ 23＋4＝□

⑤ 66＋3＝□　⑥ 92＋7＝□

⑦ 44＋4＝□　⑧ 75＋2＝□

⑨ 33＋5＝□　⑩ 57＋1＝□

2 つぎの　計算を　しましょう。

月　日

① 84＋5＝□　② 41＋8＝□

③ 55＋1＝□　④ 72＋4＝□

⑤ 33＋3＝□　⑥ 86＋2＝□

⑦ 72＋6＝□　⑧ 25＋3＝□

⑨ 67＋1＝□　⑩ 94＋3＝□

11 いろいろな　ひき算《ざん》①

★できた　もんだいには、「た」を　かこう！

1 でき　2 でき

1 つぎの　計算《けいさん》を　しましょう。

月　日

① 70－40＝　　② 30－20＝

③ 80－50＝　　④ 90－30＝

⑤ 40－10＝　　⑥ 100－60＝

⑦ 50－30＝　　⑧ 60－20＝

⑨ 70－50＝　　⑩ 100－50＝

2 つぎの　計算を　しましょう。

月　日

① 52－2＝　　② 24－4＝

③ 81－1＝　　④ 79－9＝

⑤ 27－7＝　　⑥ 66－6＝

⑦ 45－5＝　　⑧ 93－3＝

⑨ 58－8＝　　⑩ 35－5＝

12 いろいろな　ひき算《ざん》②

★できた　もんだいには、「た」を　かこう！

でき 1　でき 2

1 つぎの　計算《けいさん》を　しましょう。

月　　日

① 39－5＝　　② 85－3＝

③ 58－5＝　　④ 29－8＝

⑤ 73－1＝　　⑥ 98－2＝

⑦ 49－7＝　　⑧ 65－1＝

⑨ 38－3＝　　⑩ 88－6＝

2 つぎの　計算を　しましょう。

月　　日

① 52－1＝　　② 67－3＝

③ 26－3＝　　④ 99－6＝

⑤ 84－1＝　　⑥ 27－5＝

⑦ 66－5＝　　⑧ 35－2＝

⑨ 79－4＝　　⑩ 48－7＝

答え

1　10までの　たし算

1
①3　②8
③10　④10
⑤5　⑥8
⑦5　⑧8
⑨4　⑩8

2
①7　②4
③10　④9
⑤6　⑥8
⑦10　⑧9
⑨6　⑩0

2　10までの　ひき算

1
①3　②7
③5　④2
⑤8　⑥2
⑦3　⑧3
⑨1　⑩8

2
①1　②3
③2　④1
⑤4　⑥3
⑦1　⑧2
⑨3　⑩0

3　3つの　かずの　計算①

1
①8　②7
③8　④14
⑤16　⑥4
⑦2　⑧2
⑨6　⑩7

2
①9　②7
③9　④19
⑤16　⑥2
⑦3　⑧7
⑨13　⑩13

4　3つの　かずの　計算②

1
①9　②8
③15　④13
⑤17　⑥2
⑦4　⑧3
⑨5　⑩4

2
①8　②5
③8　④15
⑤12　⑥2
⑦7　⑧8
⑨13　⑩12

5　くり上がりの　ある　たし算①

1
①14　②11
③15　④11
⑤17　⑥12
⑦14　⑧13
⑨12　⑩15

2
①11　②12
③13　④13
⑤14　⑥14
⑦11　⑧15
⑨16　⑩11

6　くり上がりの　ある　たし算②

1
①18　②12
③14　④11
⑤11　⑥13
⑦17　⑧12
⑨11　⑩14

2
①14　②17
③12　④13
⑤12　⑥11
⑦14　⑧11
⑨11　⑩11

7 くり下がりの　ある　ひき算①

1
①7　②8
③8　④6
⑤8　⑥8
⑦5　⑧8
⑨7　⑩4

2
①9　②5
③4　④3
⑤7　⑥9
⑦6　⑧5
⑨8　⑩9

8 くり下がりの　ある　ひき算②

1
①9　②7
③9　④6
⑤6　⑥7
⑦8　⑧5
⑨9　⑩6

2
①8　②3
③7　④4
⑤8　⑥8
⑦6　⑧7
⑨5　⑩5

9 いろいろな　たし算①

1
①70　②80
③100　④60
⑤90　⑥80
⑦90　⑧90
⑨100　⑩70

2
①62　②25
③38　④96
⑤57　⑥71
⑦88　⑧49
⑨23　⑩64

10 10　いろいろな　たし算②

1
①37　②59
③84　④27
⑤69　⑥99
⑦48　⑧77
⑨38　⑩58

2
①89　②49
③56　④76
⑤36　⑥88
⑦78　⑧28
⑨68　⑩97

11 いろいろな　ひき算①

1
①30　②10
③30　④60
⑤30　⑥40
⑦20　⑧40
⑨20　⑩50

2
①50　②20
③80　④70
⑤20　⑥60
⑦40　⑧90
⑨50　⑩30

12 いろいろな　ひき算②

1
①34　②82
③53　④21
⑤72　⑥96
⑦42　⑧64
⑨35　⑩82

2
①51　②64
③23　④93
⑤83　⑥22
⑦61　⑧33
⑨75　⑩41

教科書ぴったりトレーニング

文章題 2年 がんばり表

いつも見えるところに、この「がんばり表」をはっておこう。
この「ぴたトレ」をがくしゅうしたら、シールをはろう！
どこまでがんばったかわかるよ。

すきななまえをつけてね！

なまえ

ぴた犬（おとも犬）シールをはろう

シールの中からすきなぴた犬をえらぼう。

おうちのかたへ

がんばり表のデジタル版「デジタルがんばり表」では、デジタル端末でも学習の進捗記録をつけることができます。1冊やり終えると、抽選でプレゼントが当たります。「ぴたサポシステム」にご登録いただき、「デジタルがんばり表」をお使いください。LINE または PC・ブラウザを利用する方法があります。

LINE用

PC・ブラウザ用

ぴたサポシステムご利用ガイドはこちら
https://www.shinko-keirin.co.jp/shinko/news/pittari-support-system

スタート

ひょうとグラフ	2～3ページ	ぴったり1 2	できたらシールをはろう
時こくと時間	4～5ページ	ぴったり1 2	できたらシールをはろう
図を　つかって　考えよう①～④	6～7ページ	ぴったり1 2	できたらシールをはろう
	8～9ページ	ぴったり1 2	できたらシールをはろう
	10～11ページ	ぴったり1 2	できたらシールをはろう
	12～13ページ	ぴったり1 2	できたらシールをはろう
たし算の　ひっ算①～②	14～15ページ	ぴったり1 2	できたらシールをはろう
	16～17ページ	ぴったり1 2	できたらシールをはろう
ひき算の　ひっ算①～②	18～19ページ	ぴったり1 2	できたらシールをはろう
	20～21ページ	ぴったり1 2	できたらシールをはろう
長さのたし算①	22～23ページ	ぴったり1 2	できたらシールをはろう
長さのひき算①	24～25ページ	ぴったり1 2	できたらシールをはろう
かさのたし算	26～27ページ	ぴったり1 2	できたらシールをはろう
かさのひき算	28～29ページ	ぴったり1 2	できたらシールをはろう
たし算の　ひっ算③～④	30～31ページ	ぴったり1 2	できたらシールをはろう
	32～33ページ	ぴったり1 2	できたらシールをはろう
3つの　数のたし算のひっ算	34～35ページ	ぴったり1 2	できたらシールをはろう
ひき算の　ひっ算③～④	36～37ページ	ぴったり1 2	できたらシールをはろう
	38～39ページ	ぴったり1 2	できたらシールをはろう
かけ算①～④	40～41ページ	ぴったり1 2	できたらシールをはろう
	42～43ページ	ぴったり1 2	できたらシールをはろう
	44～45ページ	ぴったり1 2	できたらシールをはろう
	46～47ページ	ぴったり1 2	できたらシールをはろう
かけ算を　つかったもんだい①～②	48～49ページ	ぴったり1 2	できたらシールをはろう
	50～51ページ	ぴったり1 2	できたらシールをはろう
長さのたし算②	52～53ページ	ぴったり1 2	できたらシールをはろう
長さのひき算②	54～55ページ	ぴったり1 2	できたらシールをはろう
ふえたのはいくつ	56～57ページ	ぴったり1 2	できたらシールをはろう
へったのはいくつ	58～59ページ	ぴったり1 2	できたらシールをはろう
はじめは　いくつ①～②	60～61ページ	ぴったり1 2	できたらシールをはろう
	62～63ページ	ぴったり1 2	できたらシールをはろう
まとめて　考えて①～③	64～65ページ	ぴったり1 2	できたらシールをはろう
	66～67ページ	ぴったり1 2	できたらシールをはろう
	68～69ページ	ぴったり1 2	できたらシールをはろう
（　）をつかったしき	70～71ページ	ぴったり1 2	できたらシールをはろう
ちがいを　みて①～②	72～73ページ	ぴったり1 2	できたらシールをはろう
	74～75ページ	ぴったり1 2	できたらシールをはろう
なんにん①～②	76～77ページ	ぴったり1 2	できたらシールをはろう
	78～79ページ	ぴったり1 2	できたらシールをはろう
2年生のまとめ	80ページ	ぴったり3	できたらシールをはろう

ゴール

さいごまでがんばったキミは「ごほうびシール」をはろう！

ごほうびシールをはろう

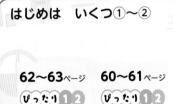

教科書ぴったりトレーニングの使い方

ぴた犬たちが勉強をサポートするよ。

ふだんの学習《がくしゅう》

ぴったり1 じゅんび

まとめの文しょうを読《よ》んでから、
もんだいに答《こた》えながら、
考《かんが》え方《かた》やとき方《かた》をかくにんしよう。

↓

ぴったり2 れんしゅう

「ぴったり１」でべんきょうしたこと、
みについているかな？
かくにんしながら、
れんしゅうもんだいにとりくもう。

↓

ぴったり3 たしかめのテスト

「ぴったり１」「ぴったり２」がおわったら
とりくんでみよう。
わからないもんだいがあったら、
教科書《きょうかしょ》やこの本をもういちどかくにんしよう。

↓

実力《じつりょく》チェック

2年 チャレンジテスト

すべてのページがおわったら、
まとめのテストにちょうせん
しよう。

別冊《べっさつ》

まるつけラクラクかいとう

もんだいと同《おな》じしめんに赤字《あかじ》で「答《こた》え」が書《か》いてあるよ。
とりくんだもんだいの答《こた》え合《あ》わせをしてみよう。
まちがえたもんだいやわからなかったもんだいは、
もういちど見直《みなお》そう。

おうちのかたへ

本書『教科書ぴったりトレーニング』は、問題に答えながら教科書の要点や重要事項をつかむ「ぴったり１ じゅんび」、学習したことが身についたか、練習問題に取り組みながら確認する「ぴったり２ れんしゅう」、最後にすべてを通して確認をする「ぴったり３ たしかめのテスト」の３段階構成になっています。苦手なお子様が多い文章題を解く力を、少しずつ身につけることができるように構成していますので、日々の学習（トレーニング）にぴったりです。

「単元対照表」について

この本は、どの教科書にも合うように作っています。教科書の単元と、この本の関連を示した「単元対照表」を参考に、学校での授業に合わせてお使いください。

別冊『まるつけラクラクかいとう』について

おうちのかたへ では、次のようなものを示しています。

- 学習のねらいやポイント
- 学習内容のつながり
- まちがいやすいことやつまずきやすいところ

お子様への説明や、学習内容の把握などにご活用ください。

内容の例

> おうちのかたへ
> ５年で学習した約分は、公約数の理解も必要となります。理解不足の場合は、復習させておきましょう。

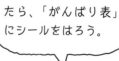